Thomas Görblich

WAS
HUNDE
DENKEN

Thomas Görblich

WAS HUNDE DENKEN

**Alles, was Sie über das Innenleben
der Vierbeiner wissen müssen**

Bibliografische Information der Deutschen Nationalbibliothek
Die Deutsche Nationalbibliothek verzeichnet diese Publikation in der Deutschen National-
bibliografie;
detaillierte bibliografische Daten sind im Internet über **http://d-nb.de** abrufbar.

Für Fragen und Anregungen:
hunde@mvg-verlag.de

1.Auflage 2010

© 2010 by mvg Verlag, ein Imprint der FinanzBuch Verlag GmbH, München,
Nymphenburger Straße 86
D-80636 München
Tel.: 089 651285-0
Fax: 089 652096

Redaktion: Dr. Doortje Cramer-Scharnagl
Umschlagabbildung und -gestaltung: Moritz Roeder, München
Satz: HJR, Manfred Zech, Landsberg am Lech
Druck: GGP Media GmbH, Pößneck
Printed in Germany

ISBN 978-3-86882-168-0

┌─ *Weitere Informationen zum Verlag finden Sie unter* ─────────
www.mvg-verlag.de
Gerne übersenden wir Ihnen unser aktuelles Verlagsprogramm.

Inhalt

Kapitel 1: Prolog

– Hallo. Sie scheinen der Leser zu sein.

– Was soll das denn? Soll das Buch hier etwa mit »Hallo« anfangen?

– Das geht nicht? Zu plump? Entschuldigen Sie bitte, ich meinte natürlich: »Herzlich willkommen in der Welt des Hundes. Hier erfahren Sie alles, was Sie über das Innenleben der Vierbeiner wissen müssen.«

– Das ist leider auch nicht viel besser. Außerdem weiß ich das schon vom Einband. Sie haben noch nicht viele Bücher geschrieben, was?

– Na ja, um ehrlich zu sein: Das ist mein erstes. Ich weiß eigentlich nicht so recht, wie man Leser am besten anspricht. Was würden Sie denn gerne lesen?

– Sie sind mir ja ein schöner Autor. Das müssen Sie sich doch selbst ausdenken! Ich finde es, ehrlich gesagt, etwas vermessen, dass Sie sich auf dem Einband groß als Hundeexperte aufspielen und jetzt nicht einmal wissen, wie das erste Kapitel anfangen soll.

– Aber ich bitte Sie, selbstverständlich weiß ich ganz genau, wie das erste Kapitel anfangen soll. Es beginnt mit einem metafiktionalen Dialog zwischen Leser und Autor, der im weiteren Verlauf des Buches eine tragende Rolle als Rahmenhandlung übernimmt. Und in den dazwischen eingebetteten Prosa-Passagen erkläre ich Ihnen, was Hunde denken. Wäre Ihnen das so recht?

– Haben Sie womöglich eines dieser Kreativ-Seminare besucht?

– Ja, ich weiß, das klingt alles ein bisschen bescheuert. Aber warten Sie einfach mal ab, Sie werden sehen, das ergibt schon seinen Sinn. Manche Dinge lassen sich einfach besser erklären, wenn ich Sie als Leser direkt ansprechen kann. Und Sie können zwischendurch etwas fragen, wenn Sie wollen, dann wird es nicht so langweilig.

– Ach ja? Dann hätte ich gleich mal eine erste Frage: Wann geht's mit den Hunden los?

– Sie wollen also wissen, was Hunde denken?

– So war es zumindest angekündigt. Oder bin ich vielleicht im falschen Buch?

– Nein, ganz im Gegenteil. Sie scheinen mir der ideale Leser zu sein: Neugierig, motiviert, dynamisch …

– Könnten Sie jetzt mal ohne Umschweife auf den Punkt kommen?

– Aber natürlich, Sie haben ja völlig recht. Meine Lektorin streicht mir das sowieso wieder alles raus. Also fangen wir an, ja?

– Ich bitte darum.

– Zunächst mal muss ich Sie ein wenig bremsen, möglicherweise auch enttäuschen. Ich weiß nämlich leider auch nicht, was Hunde denken.

– Das soll wohl ein Witz sein? Ich will mein Geld zurück!

– Ich verstehe Sie ja, wenn Sie jetzt das Buch gleich wieder weglegen. Aber Tatsache ist nun mal, dass nur ein Hund wirklich wissen kann, was Hunde denken. Und genau genommen auch nur das, was er selbst denkt. Aber da geht es uns Menschen ja auch nicht anders, oder? Oder wissen Sie vielleicht, was andere denken?

– Nun, von Ihnen weiß ich es zufällig ganz genau, weil Sie in diesem Moment gerade schreiben und folglich genau das denken, was Sie aufschreiben.

– Da haben Sie recht, genau darauf wollte ich hinaus. Sie lesen, was ich denke. Und gleichzeitig denke ich das, was Sie gerade denken, indem ich Ihre Antworten ebenfalls aufschreibe, stimmt's? Mit anderen Worten: Schreiben und Lesen dient der Gedankenübertragung. Das ist übrigens nicht auf meinem Mist gewachsen, das können Sie nachlesen bei … Äh, halt. Fast hätte ich mich schon auf den ersten Seiten verhaspelt. Ich hatte mir nämlich fest vorgenommen, dass in diesem Buch nur Hunde mit Namen auftreten. Als kleines Gegengewicht zu den vielen Büchern, in denen Hunde nur eine Nebenrolle spielen oder – noch schlimmer – überhaupt nicht vorkommen.

– So was gibt's? Unerhört!

– Eben. Und darum sind die Menschen hier nur Statisten und werden folglich auch nicht namentlich genannt, selbst wenn sie Unermessliches zum Wissen über Hunde, Gehirne oder Literatur beigetragen haben. Sie sind nicht zufällig Hundeexperte, oder?

– Dann brauchte ich ja wohl kaum Ihr Buch.

– Nun ja, in dem Fall würde ich Sie um Verständnis bitten, wenn ich Sie erst im Anhang nenne. Aber da stehen Sie dann unter vielen Kollegen, die persönlich oder durch oben erwähnte Gedankenübertragung ihre Erkenntnisse mir mir geteilt haben. Ich reiche das hiermit einfach nur in aller Bescheidenheit weiter. Remixed, sozusagen. Merken Sie übrigens, wie Sie denken, was ich schreibe?

– Ja, aber das wird hoffentlich noch origineller. Was hat das überhaupt mit dem Denken von Hunden zu tun?

– Eine ganze Menge: Mit diesem kleinen Trick der Gedankenübertragung können Sie die Welt aus der Perspektive des Hundes erleben, trotz aller individueller und zwischenartlicher Grenzen. Auch wenn weder Sie noch ich jemals wirklich ins Innere eines Hundes reisen können, können wir beide dennoch versuchen, dem so nahe wie möglich zu kommen. Ganz einfach, indem wir uns all das vergegenwärtigen, was man inzwischen herausgefunden hat – über die Vorgänge im Gehirn ganz allgemein und in dem des Hundes im Besonderen.

– Und das, obwohl Sie eigentlich gar nicht wissen, was Hunde denken?

– Ich weiß es nicht wirklich, aber ich kann versuchen, es mir so gut wie nur möglich vorzustellen. Und wenn *ich* das kann, können *Sie* es auch. Wir können uns zum Beispiel eine Idee davon verschaffen, wie Hunde die Welt wahrnehmen – uns, ihre Artgenossen, ihre Umwelt – und welche Schlussfolgerungen sie daraus ziehen. Wir können uns vergegenwärtigen, wie sie sich auf dem Weg vom Wolf zum Haushund verändert haben und wie sie damit heute in ihrem menschlichen Rudel zurechtkommen. Und vielleicht können wir uns dann anschließend sogar gemeinsam überlegen, wie wir dieses Wissen praktisch nutzen können, wie wir die Beziehung zu unseren Hunden verbessern und bei Bedarf sogar zufriedenere Hundehalter mit ausgeglicheneren Hunden werden können.

– Das wäre dann ja mal ein echt nützliches Buch. Und Sie kriegen das hin?

– Ich versuche mein Bestes, versprochen. Aber gelegentlich werden Sie sich auch ein wenig anstrengen müssen, so viel kann ich Ihnen schon verraten.

– Wieso das denn?

– Tja, viele Fragen über Hunde sind eben nicht so leicht zu beantworten. Wie klug sind sie wirklich? Wie arbeiten ihre Sinnesorgane? Was denken sie über uns? Zum Glück wissen wir inzwischen sehr viel Neues über das Denken von Hunden. Aber wie so oft, wenn wir ins Detail gehen, um etwas herauszufinden, ist die Antwort alles andere als einfach. Das, was wir dabei lernen, wirft neue Fragen auf, widerspricht der Intuition oder zeigt, dass das Ganze weitaus komplizierter ist als ursprünglich gedacht. Und daher müssen wir uns eben gelegentlich etwas anstrengen: Ich, indem ich es so einfach wie möglich erkläre, und Sie, indem Sie es so kompliziert wie nötig annehmen.

– Könnte da nicht besser Ihre Lektorin noch mal drübergehen?

– Sie können froh sein, wenn sie uns den Dialog hier nicht ganz rausstreicht.

– Hat sie offenbar nicht, sonst würde ich das kaum lesen.

– Stimmt! Ich vergesse immer, dass Sie im Zeitverlauf ja ein gutes Stück stromabwärts lesen, in der Zukunft sozusagen. Das stammt übrigens auch aus dem obigen Buch über das Schreiben.

– Sie haben sich einen Schreib-Ratgeber besorgt und denken, Sie zaubern jetzt mal eben so 200 Seiten über das Denken von Hunden aus dem Hut?

– Äh, ja. So ungefähr. Was ist daran verkehrt?

– Na, dann bin ich ja mal gespannt. Hauen Sie rein.

Kapitel 2:
Per Anhalter durch die Evolution

– Hören Sie das Heulen?

– Klingt wie eine Sirene mit Kehlkopfüberschlag.

– Das ist ein Wolf.

– Was denn, ein echter Wolf? Wo sind wir denn hier? In der Lausitz?

– Nicht schlecht geraten. In der Lausitz leben tatsächlich seit einiger Zeit wieder wilde Wölfe. Nein, wir sind im Wildpark Ernstbrunn, nördlich von Wien. Da gibt es seit Kurzem ein Wolfsforschungszentrum mit nordamerikanischen Timberwölfen. Das Besondere ist, dass diese Wölfe mit ganz engem Menschenkontakt aufwachsen. Die werden schon ganz klein mit der Flasche handaufgezogen und haben jeden Tag mit Menschen Umgang. Die gehen sogar an der Leine spazieren!

– Soll das heißen, hier können jeden Moment Wölfe um die Ecke kommen?

– Natürlich nur mit ihren Betreuern. Aber Sie können einen Privatspaziergang buchen und mitgehen. Wolfsbegeisterte kommen von weit her, um mal einen Wolf anzufassen. Manche waschen sich dann die Hände nicht mehr.

– Weil sie nicht mehr dran sind?

– Haha, sehr witzig. Sie scheinen sich in der Gegenwart von Wölfen nicht so recht wohlzufühlen.

– Ich habe einfach einen Heidenrespekt vor denen. Soweit ich weiß, sind alle Versuche, die wie Hunde zu halten, aussichtslos. Irgendwann zerlegen sie die Wohnung und den Besitzer gleich mit, wenn er nicht aufpasst.

– Die Gefahr besteht, aber hier geht es ja nicht darum, die als Schoßhündchen zu halten. Auch wenn die Wölfe ein großes Freigehege haben und auch sonst möglichst naturnah gehalten werden, ist das hier vor allem eine Forschungsstation. Die Wölfe sollen sich nämlich an den Menschen gewöhnen und dann mit Hunden verglichen werden. Deshalb sind hier nebenan jetzt auch Hundewelpen untergebracht, unter den genau gleichen Bedingungen. Verhaltenstests sollen zeigen, welcher Teil des Hundedenkens auch im Wolf angelegt ist und welcher erst im Zusammenleben mit dem Menschen entstanden ist.

– Äh, nichts für ungut, aber ich kann mich gerade nicht so gut auf Ihren Vortrag konzentrieren. Kann es sein, dass das Heulen näher kommt?

– Stimmt, die sind ganz in der Nähe. Jetzt warten Sie mal, bis Sie einen von den Wölfen gesehen haben. Da vorne ist schon der erste.

Die dunkle Silhouette eines großen schlanken Rüden schält sich aus dem Winternebel. Kaspar trabt mit gesenktem Kopf den verschneiten Waldweg entlang, schnüffelt mal hier an einer Rehfährte, hebt dort das Bein an einem Baumstamm. Er verhält sich auch sonst ganz so, wie man es von einem wohlerzogenen Hund bei einem Spaziergang erwarten würde – mit dem kleinen Unterschied, dass es sich bei Kaspar um einen waschechten Timberwolf handelt.

Sein Kopf und Rücken sind dunkel, die typische Wolfszeichnung ist kaum zu erkennen, und das ließe vielleicht noch eine Verwechslung mit einem riesigen Schäferhund zu. Doch der kräftige Kopf mit dem geraden, spitz zulaufenden Nasenrücken ist unverkennbar, ebenso die kleinen Ohren, die bis tief ins Innere behaart sind. Er trabt leichtfüßig durch die Winterlandschaft, konzentriert und zielstrebig, und weckt Assoziationen, denen sich nur wenige Menschen entziehen können.

Manche denken an Freiheit und Naturverbundenheit, an Kanadas Wildnis, die Steppen Sibiriens, vielleicht auch an einige wenige Naturparks in Europa – die letzten Refugien, in denen Wölfe heute noch wild lebend vorkommen. Andere sehen zerrissene Schafe, mächtige Kiefer, den lautlos näher kommenden Kreis eines hungrigen Rudels. Doch die wenigsten lässt die Begegnung mit einem Wolf gleichgültig. Die Faszination Wolf wirkt heute wie eh und je.

Woher kommt diese Faszination? War sie schon vorhanden, als steinzeitliche Jäger in die Jagdreviere der Wölfe vordrangen, die lange die erfolgreichsten Raubtiere der Nordhalbkugel waren? Oder entstand sie im Laufe jener Jahrtausende, in denen frühe Menschen und Wölfe unabhängig voneinander die gleichen Nahrungsquellen nutzten – gewaltige Herden von Mammuts, Rentieren und Wildpferden? Lernte der Mensch überhaupt erst vom Wolf, wie sich große, kräftige Beutetiere im Team jagen und erlegen lassen?

Oder entstand die Faszination erst sehr viel später, gegen Ende der letzten Eiszeit, als schon die ersten Hunde an der Seite des Menschen den letzten Mammuts hinterherzogen? Schlagen Wölfe eine

Saite in uns an, weil unsere Vorfahren nur mithilfe des Hundes in unwirtliche Gegenden vordringen und dort überleben konnten? Sind diejenigen, denen Hunde und damit auch Wölfe gleichgültig waren, ausgestorben? Oder, anders gefragt: Ist unsere heutige Zivilisation das Ergebnis der gemeinsamen Geschichte von Menschen und Hunden? Ist der Mensch ohne den Hund überhaupt möglich?

Das mag vermessen klingen, aber manche Experten sind heute davon überzeugt, dass die Geschichte des Menschen ohne den Hund völlig anders verlaufen wäre. Sicher ist zumindest, dass der Hund ohne den Menschen nicht möglich wäre. Diese Erkenntnis gilt unabhängig davon, ob man unsere gemeinsame Geschichte als Symbiose mit Vorteilen für beide sieht oder als eine Art Gesellschaftskrankheit mit dem Hund als Sozialschmarotzer, der die gleichen ökologischen Ressourcen verschlingt wie ein Viereinhalb-Liter-Auto. Der Mensch schuf mit dem Hund eine der wenigen Errungenschaften der Menschheit, die sich nicht als Modeerscheinung entpuppten. Er behielt ihn durch alle Epochen und Wechselfälle der Geschichte hindurch bei sich – bis auf den heutigen Tag.

Ähnlich wie beim Wolf spalten sich auch beim Hund die Meinungen. Die einen vergöttern ihn und hinterlassen ihm ein Vermögen, die anderen würden ihn am liebsten mit drakonischer Besteuerung aus den Städten vertreiben. Doch anders als beim Wolf rangiert die Mehrheit eindeutig in der Mitte und akzeptiert Hunde als das, was sie heute sind: Haustier, Familienbegleiter, Freizeitpartner, mit zahlreichen weiteren wichtigen gesellschaftlichen Rollen, aus denen Hunde nicht mehr wegzudenken sind. Hunde gehören heute einfach dazu – und diese Freundschaft zu einer anderen Tierart ist eine der ältesten epochalen Leistungen der Menschheit überhaupt.

Wann sich Hund und Mensch emotional so annäherten, dass heute kaum eine Metropole ohne Modeboutique für Hunde auskommt, ist eines der größten Rätsel der Hundeforschung. Einige wenige Eckdaten sind unstrittig: Hunde und Wölfe haben einen gemeinsamen Vorfahren, der vermutlich dem heutigen Grauwolf, *Canis lupus*, ähnelte. Ein über 30 000 Jahre alter Schädelknochen aus Belgien ist der derzeit älteste Beleg für ein hundeähnliches Tier, das sich bereits deutlich vom Wolf unterschied. Die frühesten Knochenfunde, die eine enge Beziehung zum Menschen belegen, stammen aus gemeinsamen Bestattungen von Menschen und Hunden aus der Zeit vor knapp 14 000 Jahren. Kurze Zeit später sind Hunde bereits in weiten Teilen Europas und Asiens nachweisbar. Sie erreichten mit einer der frühesten menschlichen Besiedlungswellen Amerika und sind seit mindestens 7 000 Jahren weltweit verbreitet – von Australien bis an die Südspitze Feuerlands.

Doch wann, wie und wo die ersten Hunde entstanden, war lange völlig rätselhaft. Erst in allerjüngster Zeit haben genetische Untersuchungen Licht in diese Frage gebracht, und eine außergewöhnliche Langzeitstudie hat erstmals ein plausibles Szenario für den Übergang vom Wolf zum Hund geschaffen. Das ist nicht nur für Historiker interessant, sondern auch höchst relevant für Fragen, die wir uns im täglichen Umgang mit dem Hund stellen: Was ist vom Wolf im Hund enthalten? Und was stammt hingegen vom Menschen, aus den Tausenden von Jahren gemeinsamer Geschichte?

Die Gemeinsamkeiten von Hund, Wolf und Mensch haben es auch den Forschern in Ernstbrunn angetan. Während Kaspar die Düfte des im Schnee versunkenen Waldes erkundet, taucht am anderen Ende seiner langen Leine ein Grüppchen Menschen in Anoraks auf. Sie führen noch einen zweiten Wolf an der Leine. Shima ist ein Weibchen, dunkel wie ihr Rudelführer Kaspar und mit gut eineinhalb Jahren genauso alt. Die beiden Wölfe bilden mit Shimas Bruder Aragorn die drei ältesten Tiere des ersten Wolfsrudels hier im Wildpark Ernstbrunn.

Sie tranken Milch aus Babyfläschchen, haben täglich Kontakt mit Menschen und hören auf Kommandos wie »Sitz«, »Platz« und »Bleib«. Für ein paar Käsehäppchen zeigen sie in Verhaltenstests bereitwillig, was sie intellektuell zu leisten vermögen. Und sie gehen gemütlich an der Leine spazieren, so als wäre es für einen Wolf das Natürlichste der Welt, sich dem Willen eines Menschen unterzuordnen. Ist es also tatsächlich so einfach, aus einem Wolf einen zahmen Hund werden zu lassen? War das der Trick, mit dem sich steinzeitliche Frühmenschen einen loyalen Jagdhelfer heranzogen: einfach durch frühe Handaufzucht und intensive Beschäftigung mit dem Tier und seinen Nachkommen?

Dagegen sprechen zwei ernüchternde Erfahrungen, die Wolfszähmer in zahlreichen praktischen Versuchen gemacht haben. Erstens lassen sich Wölfe zwar prinzipiell an den Menschen gewöhnen, aber nur mit enormem Aufwand. Wer einen Wolfswelpen nicht spätestens zwei Wochen nach der Geburt von der Mutter trennt und ausschließlich von Hand aufzieht, hat nicht die geringste Chance auf einen menschenverträglichen Wolf. Und zweitens bleibt selbst bei dieser intensiven Frühbetreuung genug Wildheit im Tier enthalten, um ihn alles andere als zahm zu machen. Sobald er erwachsen ist, wird der Wolf nur schwer beherrschbar. Er kann jederzeit einen Versuch unternehmen, die Rangfolge zu seinen Gunsten neu zu verhandeln, ohne Rücksicht auf seelische oder körperliche Empfindlichkeiten seines langjährigen menschlichen Betreuers.

Das verleiht der Arbeit der Wolfspfleger hier in Ernstbrunn durchaus eine heroische Note, auch wenn Timberwölfe im Allgemeinen etwas leichter zu zähmen sind. Vermutlich ist dies deshalb der Fall, weil irgendwann in der Vergangenheit eine Rückkreuzung mit Hunden stattgefunden hat, die noch heute in ihrem dunkleren Fell sichtbar ist. Doch »etwas leichter« bedeutet immer noch monatelange Handaufzucht mit praktisch ununterbrochenem Kontakt zum Menschen, und das widerlegt gleichzeitig die Theorie vom handaufgezogenen Wolf als Ausgangspunkt der Hundehaltung. Steinzeitliche Jäger dürften weder ausreichend Zeit noch die nötigen Ressourcen dafür gehabt haben, um sich tage- und nächtelang der Pflege eines hilflosen Wolfswelpen zu widmen. Außerdem wäre auch ihnen trotz aller Naturverbundenheit das Beherrschen eines ausgewachsenen Wolfs rasch über den Kopf gewachsen. Auf dem Weg vom Wolf zum Hund muss es also mindestens eine weitere Zwischenstation gegeben haben, eine Art Vorzähmung, eine erste Annäherung des Wildtieres an die menschliche Gemeinschaft.

Die bislang plausibelste Erklärung ist, dass sich der Wolf auf seinem Weg ins Hundefutter-Schlaraffenland durch die Müllhalden der Vorgeschichte fraß. Als die Menschen im Jagen geschickter wurden, fiel genug Abfall an, um Raubtiere in der Nachbarschaft mit durchzufüttern. Womöglich waren darunter auch einige Wölfe, die einem leicht zu erobernden Happen nicht abgeneigt waren, umso mehr, wenn sie alt, geschwächt oder aus ihrem Rudel verstoßen waren. Sie mussten dazu allerdings ihre natürliche Scheu vor dem Menschen überwinden. Wem das gelang, dem winkte ein reich gedeckter Tisch und damit ein Überlebensvorteil in mageren Zeiten. Vieles spricht dafür, dass sich über lange Zeiträume Wolfspopulationen in der Nähe des Menschen etablierten und getrennt von ihren wild lebenden Verwandten vermehrten.

Für die Menschen könnte diese Entwicklung ebenfalls von Vorteil gewesen sein. Die Wölfe hielten das Lager frei von verrottenden Essensresten, alarmierten die Jäger bei unerwünschten Besuchen und gaben in schlechten Zeiten sogar passable Nothappen und Wintermäntel ab. Die Wölfe lernten im Gegenzug, das Verhalten der Menschen, ihre Gesten und Gewohnheiten, genau zu lesen und das passende Gleichgewicht zwischen Distanz und Nähe zu halten, um nicht als lästig oder gar bedrohlich empfunden zu werden. Über die Jahrtausende konnte sich so ein gut ausbalanciertes Verhältnis von gegenseitiger Toleranz bilden. Diese Theorie steht im Einklang mit bisherigen archäologischen Funden. Die steinzeitlichen Müllhalden weisen neben den üblichen jagdbaren Tieren der Vorgeschichte auch immer wieder Wolfsknochen auf, die zum Teil auch eine Verwertung als Nahrung erkennen lassen.

Um Wölfe jedoch als echte Haustiere in die menschliche Gemeinschaft zu integrieren, war ein weiterer Schritt nötig: die Verwandlung des Wolfs in einen nutzbringenden Begleiter, einen zutraulichen Freund und vertrauenswürdigen Partner – kurzum, in den ersten Hund. Auf welche Weise und vor allem wie rasch das vor sich gegangen sein könnte, zeigt eine außergewöhnliche Langzeitstudie an russischen Silberfüchsen.

In den Fünfzigerjahren hielt man in Russland in großem Stil Füchse für die Pelzgewinnung, allerdings gestaltete sich der Umgang mit den aggressiven Füchsen nicht immer einfach, und das hielt den Betrieb auf. Ein junger Wissenschaftler erhielt den Auftrag, etwas dagegen zu unternehmen, und sein Lösungsvorschlag erwies sich als ebenso wirkungsvoll wie weitsichtig.

Er begann, einen Teil der Silberfüchse nach einem einfachen Test in zwei Gruppen einzuteilen: In der ersten Gruppe landeten alle Tiere, die ein Stückchen Futter aus seiner Hand annahmen, sich vielleicht sogar streicheln ließen. Die zweite Gruppe bildeten Tiere, die vor ihm flohen oder ihn angriffen. Für die Vermehrung nutzte er nur Silberfüchse aus der ersten Gruppe. Auf die Nachkommen wendete er die gleichen Kriterien an und auf alle weiteren Generationen ebenso.

Nach einem Jahrzehnt war die Mehrzahl der Silberfüchse tatsächlich wie erwartet wesentlich ruhiger, zutraulicher und kontaktfreudiger. In ihrem Verhalten ähnelten sie bereits Haustieren. Doch das überraschende Ergebnis war, dass die Füchse sich auch äußerlich veränderten. Sie wuchsen zu schlappohrigen Fellknäueln heran, ringelten die Rute auf, hatten weiße Streifen in dem ehemals schwarzen Fell. Sie begannen, wie Hunde auszusehen.

Das Experiment wurde über einen Zeitraum von inzwischen über 50 Jahren aufrechterhalten und in vielen Details untersucht. Hormonstatus, Fortpflanzungsrhythmus, sogar die genetische Ausstattung näherte sich der von Hunden an. Der Clou war, dass Jungfüchse offenbar bald in der Lage waren, menschliche Gesten ebenso gut zu verstehen wie Hundewelpen – eine Fähigkeit, auf die wir noch intensiver eingehen werden. Und das alles geschah wohlgemerkt, ohne dass man die Tiere gezielt auch nur auf ein einziges dieser Kriterien hin gezüchtet hätte. Das alleinige Merkmal, das entschied, wer sich fortpflanzen konnte und wer nicht, war Zahmheit.

Das Silberfuchs-Experiment gilt inzwischen als wichtiger Beleg für die Formbarkeit von Hunden und ihren Verwandten. Wenn sich mit einer so einfachen Methode Silberfüchse in hundeartige Kuscheltiere verwandeln lassen, und das innerhalb nur eines Menschenlebens, dann sollte dies auch mit Wölfen möglich gewesen sein. Deren Selektion auf Zahmheit hätte bereits mit der Eroberung steinzeitlicher Müllberge begonnen und hätte sich dann unter menschlicher Obhut intensivieren können. Das setzt zwar voraus, dass der Mensch zu einem bestimmten Zeitpunkt die vorgezähmten Wölfe nach seinen Vorstellungen zu verpaaren begann. Doch so wäre in kürzester Zeit ein friedlicher Begleiter entstanden, der sowohl seine Bedrohlichkeit als auch seine Scheu komplett verloren hätte.

– Darf ich Sie hier mal kurz unterbrechen? Sie sagen also, die Russen haben auf ihrer Farm mit Silberfüchsen jetzt eine Art Streichelzoo mit zahmen Hunde-Imitaten?

– Nun ja, ganz so würde ich das vielleicht nicht ausdrücken, aber im Prinzip scheint es tatsächlich recht einfach zu sein, durch Zucht das Wesen eines Hundes aus einem Wildtier herauszuschälen – zumindest in Grundzügen.

– Und diese zahmen Füchse sind von Hunden nicht mehr unterscheidbar?

– Nein, so weit geht es dann doch nicht. Sie sind nur einfach Hunden viel ähnlicher als wilde Füchse. Aber keine Angst, niemand dreht Ihnen jetzt einen gefälschten Hund an, in dem ein gezähmter Silberfuchs steckt, falls Sie das befürchten sollten.

– Na, dann bin ich ja beruhigt. Aber wenn das scheinbar so einfach ist, warum haben wir dann keine Hütefüchse und Jagdschakale und Schoßkojoten? Wieso hat der Mensch denn ausgerechnet den Wolf gezähmt? Ich meine, ich freue mich ja, dass sich wilde Wölfe jetzt ganz langsam wieder ausbreiten, sogar in einer so dicht besiedelten Gegend wie Deutschland, aber ...

– Die Lausitz ist nun wirklich alles andere als dicht besiedelt.

– Ja doch, Sie haben ja recht. Ich habe auch wirklich nichts gegen Wölfe, ganz im Gegenteil. Ich muss Ihnen sogar recht geben, dass es ein wunderbares Erlebnis ist, mal einen echten zu sehen, so wie vorhin. Aber jetzt habe ich erst recht Respekt vor ihnen, schon allein wegen der schieren Größe, und da frage ich mich: Ist das nicht etwas riskant, sich ausgerechnet ein so kräftiges Raubtier ins Haus zu holen?

– Da haben Sie völlig recht, auf den ersten Blick gibt es durchaus geeignetere Kandidaten. Warum es dann unter allen Hundeartigen gerade der Wolf und nur der Wolf war, den wir zähmten, ist eine der zentralen Fragen der Haustier-Geschichte. Da gehen die Meinungen übrigens auch unter Experten auseinander. Manche sind überzeugt, dass unsere Wahl tatsächlich ohne Weiteres auch auf einen seiner Verwandten hätte fallen können und dass der Wolf eher zufällig das große Los gezogen hat. Andere denken, dass Wölfe als Einzige über sehr vorteilhafte Eigenschaften verfügten, die sie zu idealen Kandidaten für den Posten des ersten Haustieres machten.

– Das müssen aber ganz besonders stichhaltige Vorteile sein, denn abgesehen von der möglichen Gefahr, die von ihnen ausgehen könnte, sind Wölfe sicher auch nicht so einfach satt zu kriegen?

– Es geht so. Ein ausgewachsener Wolf in freier Wildbahn braucht um die fünf Kilo Fleisch am Tag. Aber wenn er nicht selber jagen muss, sondern von Menschen versorgt wird, frisst er nur ein Kilo.

– Na also, sehen Sie? Das sind schon mindestens fünf bis sechs Kilo für ein kleines Wolfsrudel, denn die müssen sich ja auch fortpflanzen und die Jungen großziehen, sonst wäre es schnell vorbei mit der Haustierpracht. Also: Warum Wölfe und keine Füchse?

– Interessante Frage. Ich würde sagen, dazu sehen wir uns am besten einmal genauer die möglichen Vorzüge des Wolfs an. Das erklärt dann auch den eigentlichen Punkt unserer kleinen Domestikationsgeschichte: Was kann uns der Wolf darüber verraten, wie der Hund denkt? Denn egal, ob die besonderen Qualitäten des Wolfs nun ausschlaggebend waren oder ob vorwiegend der Zufall bei seiner Zähmung mitspielte – die Eigenschaften seiner Vorfahren sind heute noch prägend für viele Charakterzüge, die wir am Hund schätzen.

Eines der auffallendsten Merkmale des Wolfs ist seine hohe soziale Organisation. Wölfe formen stabile Gemeinschaften mit genau festgelegter Hierarchie. Sie jagen im Rudel und stimmen sich laufend untereinander ab. Und sie sind höchst anpassungsfähig und schlüpfen im Laufe ihres Lebens in die verschiedensten Rollen: Sie wachsen als untergeordnetes Jungtier auf, gehen als allein lebender Junggeselle auf Wanderschaft und bilden als ranghöchstes Tier ein neues Rudel oder ordnen sich in ein bestehendes Rudel ein. All das wäre undenkbar, wenn Wölfe nicht höchst flexibel wären und ein breites Spektrum an Kommunikationsmöglichkeiten hätten.

Weder Schakal noch Hyäne oder irgendein anderer Verwandter aus der Familie der Hundeartigen verfügt über ein so hoch entwickeltes Sozialverhalten. Indem Wölfe im Rudel jagen, bringen sie Beutetiere zur Strecke, die um ein Vielfaches größer sind als sie selbst. Darin ähneln sie frühen Menschen, zumindest was soziale Organisation und Kooperationsfähigkeit angeht. Daher mag ein gezähmter Fuchs einen sympathischen Begleiter abgegeben haben, aber am nützlichsten dürfte ein zahmer Wolf gewesen sein.

Wenn Wölfe Beute reißen, folgen sie einer angeborenen Verhaltenskette, die sie instinktiv abspulen: Sie wittern die Beute und orientieren sich in ihre Richtung; sie fixieren sie mit den Augen; sie schleichen sich an oder lauern ihr auf; sie hetzen sie; sie packen sie mit dem Fang und sie töten sie schließlich mit einem gezielten Biss. Ohne dass ein Wolf groß darüber nachdenken müsste, folgt er diesem Ablauf bei jeder einzelnen Jagd, ob allein oder in der Gruppe. Sobald er Beute wittert, erledigt er einen Schritt nach dem anderen und hat am Ende sein Abendessen im Maul.

Der Mensch machte sich dieses angeborene Verhaltensmuster des Wolfs zunutze und formte es züchterisch für seine Zwecke um. Wie präsent diese und andere Veranlagungen des Wolfs heute noch in vielen Hunderassen sind, zeigt die Arbeit gut ausgebildeter Jagd- oder Hütehunde. Wie wir später noch genauer sehen werden, verfügen beispielsweise Border Collies über ein abgewandeltes Repertoire dieser Instinktkette, um Schafe auf den Meter genau zu dirigieren. Sie vollführen eine Art übertriebenes Anschleichen und Anstarren, jagen die Schafe auch einmal, wenn sie sie in einem größeren Areal einsammeln, sind aber beim Zupacken und vor allem beim Tötungsbiss gehemmt. Bei einem Retriever hingegen ist die Jagdkette ganz anders ausgestaltet. Wenn er eine geschossene Ente aus dem Wasser holen und zum Jäger bringen soll, hat das Anschleichen und Jagen keinen Sinn. Diese Schritte sind durch die Zucht entsprechend gehemmt, während das Zupacken stark gefördert ist.

Doch zu all den vielen nützlichen Extras, die Wölfe sozusagen serienmäßig mitbringen, kommt die allem übergeordnete Fähigkeit, sich nahtlos in einen Sozialverband zu integrieren. Unter den verschiedenen Rollen, die ein Wolf im Laufe seines Lebens ausfüllt, ist diejenige des fügsamen Jungtieres am besten für die Integration geeignet. Jungtiere sind nicht nur neugieriger und weniger angriffslustig, sie sind auch sehr viel lernfähiger. Junge Wölfe müssen in wenigen Wochen zahlreiche Verhaltensmuster erlernen, die sie in spielerischen Auseinandersetzungen mit Wurfgeschwistern unermüdlich perfektionieren.

Um das Spiel nicht aus den Fugen geraten zu lassen, aber auch, um den Lernfortschritt nicht zu behindern, ist es nötig, dass ernsthafte Aggressionen unterdrückt werden, denn nur im entspannten Zustand des Spiels können die Jungtiere das Gelernte effektiv im Gedächtnis speichern. Wie das Silberfuchs-Experiment zeigt, kann so ein jugendliches Stadium mit gehemmtem Aggressionstrieb dauerhaft eintreten, wenn sich jeweils die zahmsten Tiere weiter vermehren. Wenn sie sich außerdem schon als Welpe an den Menschen gewöhnen, könnten auch Wölfe trotz ihrer Raubtiernatur zu verlässlichen Gesellen werden, sobald sie erst einmal über mehrere Generationen domestiziert sind. Und das Ergebnis lohnt in jedem Fall den Aufwand.

Mit dem gezähmten Wolf an seiner Seite wuchsen dem Menschen plötzlich vier neue Gliedmaßen, hochsensible Sinne und ein furchterregendes Gebiss. Insbesondere die Nase seines neuen Begleiters dürfte es dem Steinzeitjäger angetan haben. Denn mit dem Ende der Eiszeit breiteten sich vielerorts üppige Wälder aus, wo früher tundraartige Steppen riesige, weithin sichtbare Herden von Rentieren und Wildpferden beherbergt hatten. Wer den Herden nicht nach Norden in immer unwirtlichere Gegenden folgen wollte, der musste einen Weg finden, seine Beute im dichten Wald aufzustöbern – einem der Habitate, in denen der Wolf schon seit Langem erfolgreich jagte.

Das macht den Wolf zum idealen Jagdkumpan, mit dem es in Sachen Nützlichkeit wohl kaum ein anderer Kandidat aus der Hundefamilie aufnehmen konnte. Zudem konnte er, einmal gezähmt, dank seiner Größe viele weitere Aufgaben übernehmen. Noch heute ziehen Hunde Lasten, bewachen Lager und wärmen Menschen, ob im arktischen Eis, der australischen Wildnis oder unter den Brücken der Großstädte. Wer derartige Vorzüge der Hundehaltung einmal entdeckt hat, der verzichtet nur ungern wieder darauf. Hunde sicherten dem Menschen einen Überlebensvorteil, und zwar unabhängig davon, ob er als Nomade umherzog oder begann, sesshaft zu werden. Das wog in den meisten Fällen die zusätzlichen Ausgaben für die Fütterung auf.

Und noch etwas hebt den Wolf hervor und macht ihn zum idealen Haustier: Er kann sich seiner Umgebung extrem gut anpassen. Auch das ist ein Erbe aus grauer Vorzeit, das es dem Wolf überhaupt erst ermöglichte, sich in Wäldern ebenso erfolgreich anzusiedeln wie in Wüsten, Steppen oder Bergen. Die klimatischen Veränderungen, denen die Nordhalbkugel im Verlauf der Eiszeiten unterworfen war, zwangen den Wolf immer wieder, sich auf neue Umweltbedingungen einzustellen. Mal zog er sich in kleine eisfreie Refugien zurück, mal breitete er sich über weite Areale aus und erschloss sich neue Nahrungsquellen. Das bescherte dem Wolf ein extrem plastisches Erbgut, das sich noch heute in der Vielzahl der Wolfsunterarten zeigt. Und es bescherte uns das bizarre Kaleidoskop der weltweit 350 Hunderassen.

Zwischen Rehpinscher und Dogge erstreckt sich ein Kontinuum aus Körperlängen, Kopfformen und Fellfarben, das keine andere Säugetierart in dieser Vielfalt je erreicht hat. Obwohl der Grundstein dazu schon im Wolf angelegt war, sind die modernen Ausformungen der Hundezucht ein Produkt der jüngsten Geschichte. Zwar kannten bereits die Ägypter und später die Römer unterschiedliche Formen von Hunden, darunter schmale Windhunde, massige Kampfhunde und kleine Schoßhunde. Doch über die weitaus meiste Zeit der jahrtausendelangen Hundegeschichte dominierten Mischlinge das Erscheinungsbild, auch wenn sie örtlich verschiedene Formen und Farbschläge entwickelten. Es gab zwar schon früh eine Trennung in Hunde für die Jagd und Hunde für andere Aufgaben, doch züchtete man keineswegs streng rassebezogen und fand nichts dabei, Hunde ohne Stammbaum einzukreuzen, wenn sie sich als nützlich erwiesen hatten. Das änderte sich erst mit der industriellen Revolution im England des 19. Jahrhunderts und der Entstehung einer wohlhabenden Mittelschicht. Nun wurde der Hund zum Begleiter und Liebhaberobjekt, und man legte plötzlich großen Wert auf sein äußeres Erscheinungsbild. Das Formenspektrum fächerte sich in seine mannigfaltigen Variationen auf, und die Gründung der ersten Rassenverbände vor nicht einmal 200 Jahren im viktorianischen England führte zur Entstehung der Hunderassen in unserem heutigen Sinn.

Es scheint, als sei der Hund Wachs in unseren Händen – beliebig formbar und längst nicht ausgereizt in seinen Möglichkeiten. Gilt das auch für sein Denken? Zunächst einmal ist ja nicht einzusehen, warum diese Vielfalt auf das Äußere beschränkt sein sollte. Schon jetzt gibt es genügend Unterschiede in Wesen, Temperament und Geschicklichkeit der einzelnen Rassen. Greyhounds müssen ebenso wenig lernen, hinter Hasen herzulaufen, wie Border Collies das Zusammentreiben von Vieh lernen müssen. Typisches Verhalten ist in manchen Rassen so fest verankert, dass es sogar der Rassestandard detailliert beschreibt.

Der Mensch hat also nicht nur die Hunde-Optik nach seinen Wünschen geformt, sondern auch sein Verhalten. Aber können wir den Hund auch klüger machen? Können wir uns eines Tages mit ihm unterhalten? Können wir ihm bald den Unterschied zwischen Altpapier und unseren Steuerunterlagen erklären? Wird er irgendwann nicht nur die Kinder hüten, sondern auch bei den Hausaufgaben helfen? Wir werden in einem der nächsten Kapitel sehen, warum diese Hoffnung leider unbegründet ist und warum wir Hunde auf bestimmte geistige Höhenflüge niemals werden mitnehmen können, auch wenn sie uns sonst überallhin begleiten.

Doch das schmälert weder ihre Nützlichkeit noch das Verdienst, das sie der Menschheit bisher erwiesen haben. Einige behaupten sogar, ohne Hunde hätten wir möglicherweise weder Steuerunterlagen noch Hausaufgaben, sondern würden noch immer als Jäger und Sammler in dichten Wäldern ein naturverbundenes Leben führen. Es sei dahingestellt, welche Lebensweise die verlockendere ist, fest steht, dass Steinzeitmensch und -hund im Team zu Höchstleistungen fähig waren, die alle bisherigen Fähigkeiten im Tierreich in den Schatten stellten.

Dieser handfeste Überlebensvorteil war wohl auch dafür verantwortlich, dass Menschen mit Hunden bald an den verschiedensten Stellen der Erde aufzutauchen begannen. Hatte sich also herumgesprochen, was für ein toller Begleiter sich aus einem Wolf fabrizieren ließ, und Menschen versuchten nun weltweit, das Experiment mit ortsansässigen Wölfen zu wiederholen? Oder sind alle Hunde Nachkommen einer kleinen Gruppe von Urahnen, die sich mit dem Menschen rasend schnell verbreiteten? Mit anderen Worten: Wurde der Wolf nur einmal oder mehrmals gezähmt?

Das lässt sich anhand der archäologischen Funde nur sehr schwer entscheiden. Selbst lebende Hunde lassen sich rein äußerlich kaum verlässlich in Abstammungslinien einteilen. Bei jahrtausendealten Hundeknochen ist es aussichtslos, aufgrund des Aussehens entscheiden zu wollen, ob das Exemplar eher eurasischen oder amerikanischen Wölfen ähnelt. In Ermangelung anderer Informationen versuchte man es dennoch, was zu erbitterten Expertenstreits führte, die aus heutiger Sicht geradezu an den Haaren herbeigezogen anmuten.

Tatsächlich waren es ein paar schwedische Hundehaare, die später der unseligen Diskussion ein vorläufiges Ende bereiten sollten. 1993 fand man am Schauplatz zweier Morde in Schweden Hundehaare und hoffte, daraus Hinweise auf den Täter zu gewinnen. Durch forensische DNA-Tests, auch als genetischer Fingerabdruck bekannt, konnte man menschliche Haare schon mit hoher Wahrscheinlichkeit ihrem Träger zuordnen. Nur mit Hunden hatte das noch niemand versucht.

Ein schwedischer Molekularbiologe, der für seine Doktorarbeit die Methodik auf den Hund übertragen sollte, sammelte daraufhin möglichst viele Proben von verschiedenen Hunderassen und versuchte, genetische Marker daraus abzuleiten. Bald konnte er zeigen, dass die Hundehaare an beiden Tatorten von ein und demselben Hund stammten. Ein wichtiger Hinweis darauf, dass die beiden Morde miteinander in Verbindung standen. Einige Verdächtige besaßen Hunde, und er untersuchte auch deren Haarproben, doch der Hund des Täters war offenbar nicht darunter. Der Zufall wollte es, dass sich das Verbrechen später auf anderen Wegen aufklärte, aber die DNA-Tests beim Hund waren so weit gediehen, dass der Wissenschaftler sich an einer anderen Anwendung versuchen wollte: der Abstammung des Haushundes.

Er erweiterte die Untersuchung mit Proben von Hunden aus aller Welt und verglich sie mit dem Wolf und anderen Verwandten wie Schakal und Hyäne. Dabei zeigte sich zweifelsfrei, dass tatsächlich der Wolf der nächste lebende Verwandte des Haushundes war. Schakale und Hyänen schieden als Hunde-Ahnen aus. Zweitens schienen alle Hunde aus einer Gründergeneration von mehreren Hundert Mutterwölfen hervorgegangen zu sein und hatten dann im Gefolge des Menschen unter anderem Amerika und Australien besiedelt. Und drittens deuteten die genetischen Daten an, dass der Haushund vor etwa 15 000 Jahren im Südosten Chinas, südlich des Jangtse-Flusses, entstanden sein könnte.

Das entspricht in etwa dem Ursprung des Reisanbaus und dem Beginn einer sesshaften Lebensweise in jener Gegend. Wölfe lebten in Asien schon seit Längerem im gleichen Verbreitungsgebiet wie die Menschen. Möglicherweise nutzten die Bewohner vorgezähmte, an Menschen gewöhnte Wölfe als Nahrungsquelle. Es ist denkbar, dass bald eine ähnliche Selektion griff, wie sie später die russischen Silberfüchse durchliefen. So hätte in sehr kurzer Zeit schließlich aus gezähmten Wölfen der erste Hund entstehen können. Da die Ergebnisse auf mehrere Hundert Wolfsmütter hindeuten, konnte die Zähmung des Wolfs kein einmaliges, zufälliges Ereignis gewesen sein, sondern dürfte zumindest zeitweise Bestandteil der Gewohnheiten und kulturellen Gepflogenheiten der ortsansässigen Bewohner gewesen sein.

Das Szenario klingt plausibel, widerspricht aber den archäologischen Daten, nach denen der Hund mindestens doppelt so alt sein müsste. Außerdem ist nach der Meinung mancher Forscher die genetische Beweislage nicht ausreichend sicher. DNA-Untersuchungen an großen Gruppen von Probanden haben mitunter ähnlich verwirrende Eigenschaften wie Statistiken, nämlich je nach Lesart zu verschiedenen Schlussfolgerungen zu führen. So kamen andere Wissenschaftler auf ein Alter von gut 100 000 Jahren für den ersten Hund. Ideal wäre es also, wenn man auf aussagekräftige Knochenfunde aus der fraglichen Zeit zurückgreifen könnte. Aber China ist bekanntlich ein großes Land, und selbst wenn man sich auf das Gebiet südlich des Jangtse-Flusses beschränkte, dürfte es mit dem Umgraben eine Weile dauern.

In der Zwischenzeit untersuchte ein anderes Forscherteam das gesamte Erbgut von fast tausend Hunden verschiedenster Rassen sowie zahlreicher Wölfe. Dabei zeigte sich, dass der Hund vermutlich eher im Nahen Osten entstanden war, wo auch der Großteil der anderen Haustierrassen erstmals domestiziert wurde. Außerdem fanden die Forscher heraus, dass in einigen Hunderassen mehr Wolfsblut fließt als in anderen. Dazu zählen urtümliche Rassen wie Basenjis, Chow-Chows und Huskys, deren Geschichte weit in die Vergangenheit zurückreicht. Wie es scheint, gab es hier später immer wieder Einkreuzungen von Wölfen, was das genetische Bild zusätzlich verkompliziert.

Für den Moment wollen wir daher der Einfachheit halber annehmen, dass Menschen irgendwann eine neue Seite ihrer Jagdkonkurrenten entdeckten und es ihnen – wie und wo auch immer – gelang, einige davon für gemeinsame Jagdausflüge ausreichend zu zähmen. Später begannen sie, Hunde für andere Zwecke einzusetzen – für den Viehtrieb, zur Bewachung oder als Zugtier. Bald sprach sich deren Nutzen herum, ein fulminanter Handel mit Hundewelpen setzte ein und das praktische neue Tier verbreitete sich mit Nomaden und Händlern weit über die Grenzen Asiens. Hund und Mensch waren zusammen viel erfolgreicher, als es jeder ihrer Vorfahren allein je gewesen war. Die Traummannschaft der Frühgeschichte war geboren.

Das schlug sich bald in der Hirnmasse nieder: Sie schrumpfte. Hunde haben, bezogen auf ihre Körpermasse, ein etwa 10 Prozent kleineres Hirn als Wölfe. Doch das Erstaunliche ist, dass auch das menschliche Gehirn schrumpfte. Moderne Menschen verloren gegenüber ihren jagenden Vorfahren einen Teil ihrer Hirnmasse, als sie begannen, sesshaft zu werden. Grundsätzlich hat die Gehirnmasse nicht unbedingt auch mit der geistigen Leistungsfähigkeit zu tun, doch die Veränderungen sind so auffällig, dass es einen evolutionären Grund dafür gegeben haben muss. Man versuchte, das mit der beginnenden Sesshaftigkeit des Menschen zu erklären, mit anders gearteten Anforderungen an das tägliche Überleben, mit dem Verzicht auf Sinnesschärfe und Reaktionsschnelle, die noch bei der Jagd unerlässlich waren. Doch eine andere Erklärung könnte sein, dass Menschen und Hunde einen Teil ihrer mentalen Aufgaben der jeweils anderen Tierart aufbürdeten.

Hunde hatten und haben keinen Drang, komplexe Probleme zu lösen, physikalische Zusammenhänge zu verstehen oder logisch zu denken, wie wir noch sehen werden. Auf diese Art von Denken spezialisierte sich der Mensch mit seinem beginnenden Sprach- und Abstraktionsvermögen. Während Wölfe sich mitunter recht geschickt anstellen im Öffnen von Gehegetüren, scheinen sich die meisten Hunde so wenig für diesen technischen Kram zu interessieren, dass sie es nicht einmal ernsthaft versuchen. Hunde haben einen viel schlaueren

Weg gefunden, mit derartigen Hindernissen umzugehen: Sie benutzen dazu einfach ihre Menschen.

Welchen Vorteil der Mensch von dieser Abmachung haben könnte, ist weniger offensichtlich, aber manche nehmen an, dass er sich mithilfe des Hundes eines Teils seiner emotionalen Bürde entledigte. Denn bekanntlich kommen mit der Erkenntnis auch die ersten Sorgen. Nur mit einem sozial kompetenten, verlässlichen und tröstenden Partner an seiner Seite konnte der Mensch die ganzen Neuigkeiten verkraften – das zunehmend tiefer gehende Verständnis seiner selbst und seiner Clan-Genossen, das Nachdenken über die Zukunft und nicht zuletzt den Schrecken seiner eigenen Sterblichkeit. Der Hund baute das vom Wolf geerbte soziale Gespür weiter aus und bezog den Menschen und dessen Stimmungssignale ein. Er diente dem Menschen als emotionale Stütze, als verlässlicher und loyaler Partner, der in unverbrüchlicher Freundschaft zu ihm hielt.

Möglicherweise füllte der Hund auch eine mystische Rolle aus, firmierte als ein von höheren Mächten gesandter Bote, galt als Bindeglied zu Geistern und Dämonen eines frühen Naturgötterglaubens. Und warum sollte der erste Hund primitiven Menschen nicht selbst als Naturgottheit erschienen sein? Praktisch aus dem Nichts war ein neues Tier aufgetaucht, das dem Menschen folgte, seine Nähe suchte, ihm mit überlegenen Sinnen zur Seite stand. Bald verewigte man Hunde in den ersten künstlerischen Darstellungen, bestattete sie gemeinsam mit Menschen und nahm sie überallhin mit – über die Eiswüste der Beringstraße bis nach Amerika, über das Chinesische Meer bis nach Polynesien und Australien.

Und während Hund und Mensch sich so eng aneinander banden, veränderten sich beide auf ihrem Weg in die Gegenwart. Der Großstadtmensch von heute scheint von seinen steinzeitlichen Vorfahren mindestens ebenso weit entfernt wie der durchschnittliche Haushund von seinem wölfischen Verwandten. Aber während uns unsere eigene Geschichte viele Rätsel aufgibt, können wir die Unterschiede bei Wolf und Hund heute intensiv studieren, unter anderem mithilfe ambitionierter Projekte wie dem Wolfsforschungszentrum in Ernstbrunn.

Gemeinsam mit Untersuchungen an ähnlichen Wolfsprojekten in Ungarn zeigte sich bereits deutlich, dass Hunde und Wölfe ganz anders auf den Blick des Menschen reagieren. Im Wörterbuch der Wolfssignale ist ein direkter Blick in die Augen eines anderen Wolfs eine Unverschämtheit, eine Herausforderung, eine Geste der Überlegenheit. Es gibt kaum einen schnelleren Weg, um einen handfesten Streit mit einem ranghöheren Wolf vom Zaun zu brechen. Das Prinzip, direktes Starren zu vermeiden, ist übrigens bei Säugetieren weitverbreitet – von Ratten bis hin zu Menschenaffen.

Hunde hingegen sehen uns häufig direkt in die Augen, ohne jede provokante Absicht, ganz einfach, um unser Handeln und unsere Stimmung einschätzen zu können. Blicken wir sie dann wiederum an, wissen sie sofort, ob sie schwanzwedelnd näher kommen können oder sich lieber mit eingeklemmtem Schwanz verziehen. Erstaunlicherweise empfinden wir den forschenden Blick eines Hundes selten als bedrohlich oder unangenehm, während wir bei unseren eigenen Artgenossen meist sehr irritiert reagieren, wenn sie uns unverblümt ins Gesicht starren. Der Blickkontakt ist einer der Hauptunterschiede

zwischen Wolf und Hund, aber keineswegs der einzige. Er ist allerdings die Grundlage, auf der Hunde überhaupt erst ihre immense Sozialkompetenz dem Menschen gegenüber entwickeln konnten. Hunde
lesen in unserem Blick, unserer Mimik, unserer Körpersprache, als
wären wir ein offenes Buch. Zusammen mit anderen Sinneseindrücken lernen sie so, unsere Handlungen mit höchster Präzision vorherzusagen.

Wie weit dieses Verstehen geht, werden wir bald noch genauer
behandeln. Wir werden sehen, wie ihr Interesse an uns und unseren
Augen das Denken aller Hunde dominiert, während uns Wölfe bestenfalls als kuriose Artgenossen sehen, jedoch niemals als Zentralge-
stirn, um das ihr Dasein kreist. Und das ändert sich auch nicht, wenn
sie von Hand aufgezogen sind, wie die Versuche an Wölfen zeigen.
Gerade diese Handaufzucht unterscheidet sich bereits deutlich zwischen Hund und Wolf. Wie bereits erwähnt, ist ein Wolfswelpe mit
zwei Wochen schon zu alt, um sich dauerhaft an Menschen zu gewöhnen. Er muss innerhalb der zweiten Lebenswoche – am besten noch
mit geschlossenen Augen – beginnen, ausschließlich mit Menschen zu
verkehren. Danach hat er wenige Wochen Zeit, weitere Seltsamkeiten
kennenzulernen, bevor seine Prägungsphase endet und er Neuem zunehmend ängstlich begegnet.

Hunde durchleben eine viel längere Prägungsphase, die von der
vierten bis etwa zur zwölften Woche reicht. Wenn wir diese bei Hundewelpen geschickt nutzen, indem wir sie zum Beispiel beim Tram-
bahnfahren mit Eindrücken vertraut machen, die später auf sie zukom-
men könnten, dann bereiten wir sie schon einmal auf einen Teil der

Unwägbarkeiten des Lebens vor und bekommen im Idealfall einen entspannten, ausgeglichenen Hund ohne Angst vor Trambahnfahrten. Die verschieden lange Prägungsphase bei Hunden und Wölfen führt dazu, dass beide eine jeweils eigene Entwicklung durchlaufen, in der sich ihr Denken in ganz unterschiedlichen Bahnen ausformt. Während wir also viele Verhaltensmuster und Denkvorgänge des Hundes auch beim Wolf angelegt finden, ist der Hund vor allem in Bezug auf seinen bevorzugten Sozialpartner, den Menschen, ganz anders gestrickt.

Wer versucht, einen Hund ausschließlich den Gepflogenheiten in einem Wolfsrudel entsprechend zu erziehen, verkennt seine viel höher entwickelte Fähigkeit, mit Menschen soziale Kontakte zu unterhalten. Abgesehen davon sind frei lebende Wolfsrudel meist ein harmonischer und stabiler Verband, auch wenn Verhaltensbeobachtungen an Gehegewölfen manchmal das Gegenteil vermuten lassen. Hundetrainingskonzepte, die sich an Dominanzstrukturen im Wolfsrudel anlehnen, muten wie der Versuch an, einen Disput über Tischmanieren mit dem Faustkeil zu schlichten. Inzwischen weiß man: Hunde sind keine Wölfe, und folglich ist ein Erziehungsmodell, das rein über Dominanzgehabe funktioniert und die Verhältnisse in einem Wolfsrudel nachzustellen versucht, nicht mehr zeitgemäß.

Hunde sind übrigens auch keine Babys, nur hat sich diese Erkenntnis leider noch nicht allgemein durchgesetzt. Daher ist heute das andere Extrem viel häufiger anzutreffen als die Wolfsrudel-Erziehung: vermenschlichte Hunde, die Kinder oder einen Partner ersetzen, die moralischen Ansprüchen standhalten sollen, die vergeblich nach demokratischen Regeln oder schlicht gar nicht erzogen werden. Den gesunden Mittelweg scheinen nur noch wenige einzuschlagen, nämlich den Hund wohlwollend als Haustier anzunehmen, seine Freundschaft und emotionale Verbundenheit zu erwidern, ohne ihn mit Entscheidungs- oder gar Führungsaufgaben zu überfordern, die er – wie wir ebenfalls noch sehen werden – aufgrund seines Denkens gar nicht erfüllen kann.

– Da kommt ja noch einiges auf uns zu im Verlauf des Buches. Woher wissen Sie denn schon so genau, was Sie da schreiben werden?

– Um ehrlich zu sein, das habe ich schon fast alles fertig. Dieses Kapitel ist eines der letzten, die ich schreibe.

– Ach, so machen Sie das? Ist das nicht verwirrend?

– Für Sie als Leser nicht, dafür sorgt dann übrigens auch die Lektorin. Für mich schon, weil ich immer überlegen muss, was wir schon besprochen haben. Bei dieser Art der Gedankenübertragung ist die Zeit eben eine Dimension, in der sich beliebig navigieren lässt. Zumindest solange das Buch entsteht.

– Interessant. Wie spät ist es denn gerade bei Ihnen, wenn ich fragen darf?

– Bei mir ist gerade der 19. Februar 2010, 19:35 Uhr. Ich sitze in einem kleinen, vor Büchern und Aufzeichnungen berstenden Büro, falls Sie das interessiert. Draußen liegt angeblich ein halber Meter Schnee und es hat Minusgrade, aber seit ich mir dieses Buch aufgehalst habe, komme ich kaum noch vor die Tür. Den Wölfen in Ernstbrunn gefällt die Wetterlage hingegen sehr, da fetzen die am liebsten den ganzen Tag durch den Schnee.

– Stimmt, wir waren ja gerade noch im verschneiten Wald unterwegs. Toll, wie mühelos Sie die Schauplätze wechseln!

– Freuen Sie sich nicht zu früh, bald werden Sie ein wenig Bewegung bekommen.

– Ach, bemühen Sie sich nicht weiter. Ich lese gerne im Liegen.

– Das glaube ich Ihnen ohne Weiteres. Ich würde auch lieber liegend lesen, als sitzend zu schreiben. Obwohl ich zugeben muss, dass es unheimlich Spaß macht, unsere Gespräche runterzutippen. Anstrengend finde ich eher die erklärenden Passagen dazwischen.

– Wissen Sie was? Da geht's mir genauso.

– Ach ja? Sie haben ja keine Ahnung, was noch auf Sie zukommt. Das mit der Zähmung des Wolfs war doch wirklich nicht zu kompliziert, oder?

– Äh …

– Doch zu kompliziert?

– Nicht direkt. Etwas trocken vielleicht. Ich meine, warum beschreiben Sie denn nicht einfach, wie Hunde und Menschen seit der Steinzeit im Team durch die Gegend ziehen, wie sie zusammen jagen, Herden hüten, Höfe bewachen. Die ganze Vorgeschichte mit dem Wolf ist doch gar nicht so wichtig, oder?

– Nun ja, um zu verstehen, wie Hunde denken, ist es schon wichtig, woher sie kommen, wie ihre Vorfahren lebten, was von deren Verhalten in ursprünglicher Form vorhanden ist und was wir umgeformt haben. Der Wolf ist im Grunde das Wörterbuch und der Hund ist die Erzählung, die der Mensch daraus geschaffen hat. Fast alle Anlagen, die wir in langer Zucht aus Hunden herausschälen und in Rassen hervorheben, stammen vom Wolf, darunter auch ein großer Teil ihres Denkens und Handelns.

– Aha, ich verstehe. In jedem Hund steckt ein Wolf.

– Genau, aber gleichzeitig steckt eben auch in jedem Hund ein bisschen Mensch, in dem Sinn, dass er sich ganz perfekt an uns als Sozialpartner angepasst hat. Das ist ebenso prägend für sein Denken wie sein Familienstammbaum. Und noch etwas können wir aus dem Weg vom Wolf zum Hund lernen. Indem wir die Geschichte des Hundes als Teil unserer eigenen Geschichte begreifen, können wir vielleicht sogar etwas darüber erfahren, woher wir kommen, wohin wir gehen und ob uns der Hund womöglich doch noch überholt.

– Wieso überholt?

– Na, inzwischen bedienen die ja Touchscreens und werden dafür mit Futter und Leckerlis belohnt. Ich finde, das ist nicht mehr sehr weit weg von dem, was viele Menschen den ganzen Tag machen.

– Ich höre da ein wenig Zivilisationskritik heraus, kann das sein? Vielleicht sollten Sie einfach mal kurz vor die Tür gehen und sich vorstellen, Sie wären in der Steinzeit. Mal sehen, wie viele Bücher Sie da schreiben, zwischen dem Zurechtklopfen von Faustkeilen und der Suche nach was Essbarem.

– Na, ohne den Hund wären wir beide vielleicht ohnehin nicht hier, sondern würden tatsächlich den ganzen Tag im Schnee Hasen und Hirschen hinterherjagen. Aber da uns Hunde das und viele andere Jobs abnehmen, haben Sie jetzt die Muße, gemütlich in Hundebüchern zu schmökern.

– Ja, und Sie würden vergeblich darauf warten, dass jemand überhaupt Zeit hat, Bücher zu erfinden.

– Das wäre dann aber wirklich schade. Schon wegen des Geruchs.

– Geruch?

Kapitel 3:
The World According to Bark

– Riechen Sie mal, hier. Na, hier in der Mitte, im Buchfalz. Und? Was riechen Sie?

– Hmm, riecht nach Papier. Und Kleber. Ganz gut, eigentlich. Nach neuem Buch, würde ich sagen.

– Und jetzt riechen Sie mal an einem anderen Buch. Sie haben doch noch ein anderes Buch, oder?

– Nur Hundebücher.

– Egal. Nehmen Sie eins, riechen Sie da mal im Buchfalz und beschreiben Sie mir den Unterschied.

– Äh, riecht ziemlich ähnlich. Vielleicht ein wenig schwächer, das Buch ist auch schon älter. Aber beschreiben kann ich das beim besten Willen nicht.

– Merken Sie, wie schwierig es ist, winzige Geruchsnuancen zu unterscheiden, geschweige denn zu beschreiben? Ein Hund würde sich vermutlich kaputtlachen, wenn wir ihm begreiflich machen könnten, wie wenig wir riechen. Für ihn ist das Buch getränkt mit Düften, nicht nur nach Papier und Kleber. Er könnte die halbe Druckerei riechen, die chemischen Bestandteile der Druckerschwärze, das Metall der Pressen.

– Ich glaube bloß kaum, dass ihn das alles interessiert.

– Das kann sein, aber er riecht auch Ihren Fingerabdruck auf dem Papier. Er könnte sogar unterscheiden, zwischen welche Seiten Sie

Ihre Nase eben gesteckt haben, einfach durch den Geruch Ihrer Haut, den Sie zurückgelassen haben. Und das könnte ihn sehr wohl interessieren, nämlich dann, wenn er zum Beispiel Ihre Spur finden soll, wie wir gleich noch sehen werden. Mit anderen Worten: Ein Buch steckt voller Informationen, die ein Hund lesen kann. Und darunter sind viele, die niemals in Worten enthalten sein könnten, weil wir sie weder wahrnehmen noch mit Sprache ausdrücken könnten.

– Tja, vielleicht sollten wir uns von dem Gedanken trennen, dass wir mehr von der Welt verstehen als Hunde, nur weil wir lesen können.

– Genau! Und das ist schon der erste Schritt dazu, mehr von Hunden zu verstehen. Denn wenn wir wirklich wissen wollen, was Hunde denken, wie sie die Welt begreifen und was in ihnen vorgeht, dann müssen wir uns damit beschäftigen, wie sie sehen, hören und riechen. Und dazu verabschieden wir uns am besten von der Sicht der Dinge, wie wir sie gewohnt sind. Wir fangen einfach ganz neu an. Am besten vielleicht beim Sehvermögen des Hundes, denn das können wir uns noch am ehesten vorstellen. Schauen Sie mal da am Horizont. Sehen Sie was?

– Nein, wo denn?

– Ungefähr da, der winzige Fleck auf dem Hügel. Wir sehen es eigentlich nur, wenn wir wissen, dass es da ist. Aber jetzt passen Sie mal auf.

Eine der ältesten Hunderassen der Welt dürfte der Saluki sein: feingliedrige Windhunde, die seit mindestens 6000 Jahren im Gefolge von Beduinen durch die arabischen Wüsten ziehen. Ihre aristokratische Zurückhaltung hat dazu geführt, dass sie auf der Skala der Hundeintelligenz nicht auf den obersten Plätzen rangieren. Wenn es beispielsweise darum geht, ein Leckerli unter einem umgedrehten Becher hervorzuholen, versuchen sie in der Regel, den Becher durch nachdenkliches Anstarren zum Umkippen zu bewegen. Aber nur, weil sie nicht wegen jeder kleinen Bestechung einen Narren aus sich machen und bereitwillig alle Intelligenz-Register ziehen, heißt das noch lange nicht, dass sie nicht auch anders könnten.

Salukis sind Sichtjäger, und ihre große Stunde schlägt im Staub der Steinwüste, wenn sie an der Seite der Beduinen auf Hasenjagd gehen. Sie erkennen einen flüchtenden Hasen aus Hunderten Metern Entfernung am Horizont. Bis ihr Herr sich vergewissert hat und sie losschickt, macht der Hase noch zusätzlichen Boden gut. Doch selbst mit Vorsprung hat er keine Chance. Die Hunde jagen mit über 60 Stundenkilometern hinter ihm her, verfolgen ausdauernd jeden seiner Haken und stellen ihn schließlich. Ohne das Sehvermögen und die Schnelligkeit solcher Hunde wäre Menschen das Überleben hier unmöglich gewesen.

Besitzer von Labradors sind jetzt vielleicht etwas enttäuscht, wenn sie daran denken, wie ihr Hund beim Apportieren regelmäßig am knallroten Gummi-Igel mitten in der grünen Wiese vorbeirennt und ihn schließlich mit der Nase aufspürt. Aber ein Saluki hätte erstaunlicherweise die gleichen Schwierigkeiten, besagten Gummi-Igel zu finden, vorausgesetzt er ließe sich zum Apportieren herab. Wie ist das möglich?

Das ist nicht das einzige Rätsel, das uns die Sinne der Hunde aufgeben. Sie hören unsere Haustürschlüssel schon klappern, wenn wir noch zwei Straßenecken entfernt sind, aber sie erkennen nur nach mehrfachem Umherblicken, von wo wir sie rufen. Im Park spüren sie mühelos den kleinsten Dönerrest auf, aber um den Haufen eines Artgenossen gebührend zu würdigen, müssen sie unappetitlich nahe herangehen. Wie können Hunde bei so ähnlichen Aufgaben so unterschiedliche Fähigkeiten zeigen?

Ganz einfach: Hunde nehmen ihre Umgebung völlig anders wahr als wir Menschen. Sie leben sprichwörtlich in anderen Dimensionen. Ihre Sinne vermitteln ihnen ein Bild von der Welt, das sich grundlegend von dem unseren unterscheidet. Schon die Metapher »Weltbild« zeigt, wie sehr sich unsere Wahrnehmung um das Sehen dreht. Ein Hund würde seine Umwelteindrücke treffender als Weltduft beschreiben. Seine Nase öffnet ihm das Tor zu für uns unvorstellbaren Geruchswelten, liefert mannigfaltige Informationen und dominiert nicht nur seine Wahrnehmung, sondern sein ganzes Denken. Was hingegen seine Augen sehen, speichert er zum Teil im Unterbewusstsein, so wie uns Gerüche oft nur unterschwellig beeinflussen.

Es gibt allerdings Situationen, etwa bei der Jagd, da ist das Sehen für Raubtiere wie Wolf und Hund ebenso wichtig wie für uns das Riechen bei der Auswahl einer reifen Melone. Dass Beute in der Nähe ist, kann ein Jäger wittern, aber in welche Richtung er rennen muss, sagen ihm seine Augen.

An diese Aufgabe sind Hundeaugen besonders gut angepasst, und zwar auf dreierlei Weise: Sie sehen erstens noch bei schwachen

Lichtverhältnissen gut, unerlässlich für das Jagen in der Dämmerung. Zweitens sehen sie bewegte Objekte besser als unbewegte – ideal, um fliehende Beutetiere zu verfolgen. Und drittens decken sie ein weites Gesichtsfeld ab. Diese Anpassung hat allerdings ihren Preis. Farbenpracht, Detailreichtum, räumliches Sehen und nicht zuletzt der Entfernungsbereich, in dem Hunde scharf sehen, sind deutlich eingeschränkt. Wie das im Einzelnen funktioniert, zeigt eine nähere Betrachtung des Hundeauges.

Vom Bauprinzip her sind Hundeaugen nicht anders aufgebaut als unsere eigenen. Sie funktionieren im Grunde ähnlich wie ein Fotoapparat: Lichtstrahlen werden durch Linsen gebündelt und fallen durch eine Öffnung auf eine lichtempfindliche Schicht. Doch Auge ist ebenso wenig gleich Auge wie Fotoapparat gleich Fotoapparat ist: Es gibt kleine Wegwerfkameras, die je nach Lichtverhältnissen unscharfe, grieselige oder auch ganz passable Bilder liefern. Es gibt aber auch hochempfindliche Spiegelreflexkameras mit Profi-Objektiv, die je nach Fotograf ebenfalls unscharfe und grieselige oder aber grandios fein gezeichnete und farbenprächtige Aufnahmen machen. Die Güte der einzelnen Bauteile bestimmt, wie gut die Bilder bestenfalls werden können, das ist beim Fotografieren nicht anders als beim Sehen.

Das Hundeauge hat beispielsweise ein billiges Objektiv, um beim Vergleich mit Fotoapparaten zu bleiben. Von außen nach innen passiert das Licht zunächst die Hornhaut, eine dünne transparente Zellschicht, dann die Augenkammer, die mit klarer Flüssigkeit gefüllt ist, und schließlich die Linse, die ebenfalls aus durchsichtigen Zellen besteht, bevor es durch den Glaskörper auf die Netzhaut am Augenhintergund fällt. Hornhaut, Augenkammer und Linse bündeln einfallende Lichtstrahlen zu einem scharfen Abbild auf dem Augenhintergrund. Um jedoch Objekte in unterschiedlicher Entfernung scharf sehen zu können, muss sich die Brechkraft der Linse ändern, ein Vorgang, den man Akkomodation nennt.

Die Linse des Hundes ist weniger elastisch und kann ihre Krümmung und damit die Lichtbrechung nur in geringem Umfang verändern. Es gibt zwar Unterschiede von Hund zu Hund und auch von Rasse zu Rasse (siehe Salukis), aber insgesamt sind sie uns in Sachen Sehschärfe deutlich unterlegen. Ihre Akkomodation umfasst zwei Dioptrien. Das heißt, die wenigsten Hunde sehen Objekte scharf, die sich näher als einen halben Meter vor ihrer Nase befinden, und manche sehen auch Objekte in der Ferne nur verschwommen. Die Linsen von Kleinkindern hingegen decken 14 Dioptrien ab, was locker ausreicht, um den Schnuller 7 Zentimeter vor der Nase ebenso scharf zu sehen wie Luftballons am Horizont. Die Augen von jungen Erwachsenen erreichen immerhin noch 10 Dioptrien, und erst als Greise oder mit Glasbausteinen bebrillt nähern wir uns der Sehfähigkeit der meisten gesunden Hunde.

Der zweite Grund, warum Hunde weniger detailreich sehen als Menschen, hat mit der lichtempfindlichen Schicht am Augenhintergrund zu tun, der Retina. Wie die Grashalme auf einer gepflegten Rasenfläche liegen hier Millionen von Rezeptorzellen dicht nebeneinander. Zwei Arten dieser Lichtrezeptoren gibt es bei Säugetieren: Stäbchen und Zapfen. Die Stäbchen sind sehr lichtempfindlich, können aber keine Farben unterscheiden. Dafür sind die Zapfen zuständig, die wie Blümchen im Stäbchenrasen verteilt sind. Zapfen kommen in verschiedenen Versionen vor, die jeweils bestimmte Wellenlängen des Lichtes registrieren, also Farben unterscheiden können. Sie sind aber wesentlich weniger lichtempfindlich.

Wir Menschen haben sehr viele Zapfen in dreierlei Versionen, entsprechend Gelb-, Grün- und Blau-Sicht, die einen dichten Blümchenbewuchs bilden und uns ein detailreiches und farbenfrohes Abbild der Wirklichkeit vermitteln. Die Retina des Hundes hingegen ist weniger dicht bewachsen und trägt zudem viel weniger Zapfen. Dieser ausgedünnte Rezeptorrasen liefert natürlich ein weniger detailreiches Bild, vergleichbar einem grobpixeligen Video. Zudem teilen sich beim Hund mehrere Stäbchen eine Nervenleitung zum Gehirn, was den Pixel-Effekt verstärkt, während beim Menschen jeder Lichtrezeptor eine eigene Nervenbahn besitzt. All das bewirkt, dass Hunde wesentlich weniger Details erkennen als wir Menschen.

Warum sie an roten Gummi-Igeln vorbeirennen, erklärt hingegen ihre spezielle Ausstattung an Zapfen. Sie haben nämlich nicht nur weniger davon, sondern auch nur zwei Versionen dieser Farbrezeptoren, im Gegensatz zu den drei Varianten beim Menschen. Eine Sorte erkennt Lichtwellen im violetten, die andere im gelb-grünen Bereich. Weil ein dritter Rezeptortyp fehlt, erscheint Hunden alles grau, was auf der Regenbogenskala etwas weiter von diesen beiden Farben entfernt ist, also insbesondere Rot und Orange. Ebenso sehen sie Grün, das zentral dazwischen liegt, als Grau. Blau, Violett und Gelbgrün sehen sie hingegen als Farben, wenn auch weniger kräftig. Hunde sind also keineswegs völlig farbenblind, wie manchmal angenommen wird. Aber wenn es um rote Igel in grünem Gras geht, dann sehen sie nur grau in grau und haben eindeutig Probleme. Leider achten die Hersteller von Hundespielzeug mehr auf das Sehvermögen der Hundebesitzer, ansonsten gäbe es kein quietschoranges Spielzeug, sondern – wer weiß – vielleicht knallviolette Bälle mit gelbgrünen Streifen.

Anders liegen die Dinge, wenn die Abenddämmerung über die Hundewiese hereinbricht. Dann sind Hunde eindeutig im Vorteil. Denn ihr Auge ist dank der Überzahl der Stäbchen viel lichtempfindlicher und sie sehen trotz schlechter Lichtverhältnisse noch sehr gut. Außerdem helfen ihnen zwei weitere Besonderheiten beim Sehen in der Dämmerung: Zum einen ist sowohl die Pupille als auch die Linse des Hundes größer als beim Menschen, es gelangt also mehr Licht ins Auge. Und zum anderen nutzt das Hundeauge dieses Licht gleich zweimal. Hinter dem lichtempfindlichen »Rasen« trägt es eine reflektierende Schicht, das Tapetum lucidum, das die Lichtstrahlen zurückwirft. Gleichzeitig ändert diese Schicht die Wellenlänge des Lichts, sodass es die Stäbchen optimal anregen kann. Durch die Spiegelung geht erneut einiges an Sehschärfe verloren, doch die doppelte Nutzung des einfallenden Lichtes wirkt wie der Restlichtverstärker in einem Nachtsichtgerät und beschert dem Hund einen klaren Vorsprung beim Sehen in der Dämmerung. Leider sorgt es auch für einen starken Lichtreflex bei Blitzaufnahmen, sodass auf Fotos oft zwei gelbe Scheinwerfer anstelle der Augen zu sehen sind.

Fliehende Beute am Horizont sieht ein Hund besser als unbewegliche in seiner Nähe. Diesen Umstand machen sich manche Tiere wie

Schlangen oder Vögel zunutze, indem sie sich bei nahenden Fressfeinden tot stellen. Das Hundeauge nimmt tatsächlich Veränderungen viel deutlicher wahr als statische Szenen, und selbst der kaum sichtbare Gummi-Igel würde sich sofort aus dem grauen Hintergrund schälen, wenn er sich nur bewegen würde.

Wir kennen den Effekt natürlich auch, wenn wir etwas aus den Augenwinkeln vorbeihuschen sehen. Nur aufgrund seiner Bewegung nehmen wir dann ein Objekt plötzlich so deutlich wahr, dass es unmittelbar ins Blickfeld unserer Aufmerksamkeit rückt. Beim Hund ist dieser Effekt noch ausgeprägter. Das liegt zum einen daran, dass benachbarte Lichtrezeptoren auf seiner Retina untereinander geschickt verschaltet sind. Verändert sich das eintreffende Licht in einem koordinierten Muster, weil sich ein wahrgenommenes Objekt bewegt, dann verstärkt das die ans Gehirn weitergeleiteten Nervensignale. Doch der Hund sieht auch mehr pro Zeiteinheit.

Um das zu verstehen, hilft es, sich einen Film aus der Anfangszeit des Kinos vorzustellen. Damals einigte man sich nach einigen Versuchen auf einen Standard von nur etwa 16 Einzelbildern pro Sekunde. Das reicht zwar, um einen ruckeligen Eindruck von Bewegung zu erzeugen, ergibt aber das typische flackernde Bild früher Filmprojektoren. Das Flackern entsteht, weil das menschliche Auge bis zu 50 Lichtblitze pro Sekunde unterscheiden kann, sprich eine Bildfrequenz von 50 Hertz. Erst darüber erscheinen uns die Blitze als gleichförmiges Licht. Heute gelten 24 Bilder pro Sekunde als Kino-Standard, und das liegt eigentlich immer noch unter der Flackerfrequenz des menschlichen Auges. Doch im Kino zeigt man uns einfach jedes

Bild dreimal hintereinander, sodass die tatsächliche Bildwiederholfrequenz bei 72 Hertz liegt und abgesehen von raschen Schwenks ein geschmeidiges Filmerlebnis bewirkt.

In Sachen Geschwindigkeit verhält sich unser Sehvermögen zu dem des Hundes wie ein Stummfilm zu einem modernen Kinoerlebnis. Die Sinneszellen im Hundeauge erholen sich schneller von Lichtimpulsen als die des Menschen. Hunde können Frequenzen bis zu 70 Hertz unterscheiden und wären damit im Kino vielleicht noch zufriedenzustellen, beim Fernsehen allerdings kaum mehr, denn hier liegt die Bildfrequenz bei 50 Hertz – zu langsam, um Hunde zu täuschen. Sie sehen also den Bildaufbau als Flackern und interessieren sich nur selten dafür, meist dann, wenn sich etwas schnell auf dem Schirm bewegt. Auch wenn für Hunde damit der Fernsehabend im Familienkreis um eine Attraktion ärmer ist, in der realen Welt hat ihr spezielles Sehvermögen gewaltige Vorteile: Ihr Auge liefert ihnen mehr Informationen pro Zeiteinheit, sei es von einem fliehenden Hasen oder einem fliegenden Frisbee. Das erleichtert ihnen in beiden Fällen sowohl das Wahrnehmen als auch das Fangen. Was das Bewegungssehen angeht, könnte man also sagen, Hunde spielen »Tennis« auf Nintendos Wii, während wir Menschen uns mit Ataris »Pong« aus den Siebzigern des vorigen Jahrhunderts abplagen. Keine Frage, welcher Ball einfacher zu schlagen ist.

Beim Tennis hätten Hunde im Übrigen noch einen zusätzlichen Vorteil, vor allem beim Doppel: Hunde sehen aus den Augenwinkeln, was ein Stück weit hinter ihnen vorgeht. Ihr Gesichtsfeld ist weiter, weil die Augen seitlicher am Kopf sitzen. Das geht allerdings auf Kosten des räumlichen Sehens, denn dafür ist der Bereich zuständig, den beide Augen gleichzeitig sehen.

Man kann sich das Ganze wie zwei Rasensprenkler vorstellen, die jeweils einen Halbkreis bewässern. Stellt man sie nah nebeneinander an einer Mauer auf, sodass sie den davor liegenden Rasen bespritzen, dann überschneiden sich die Flächen fast ganz, die beide Sprenkler bedecken. Das würde der Situation beim Menschen entsprechen, mit nach vorne gerichteten Augen, die einen weiten Bereich räumlichen Sehens ermöglichen. Bei einem Beutetier wie dem Hasen hingegen liegen die Augen weit seitlich am Kopf. Die Rasensprenkler würden hier Rücken an Rücken stehen, sich kaum überschneiden und einen Vollkreis bewässern. Hasen sehen nicht räumlich, haben dafür aber eine fast vollständige Rundumsicht, was es ihren Feinden denkbar schwer macht, sich von hinten anzuschleichen.

Die Augen des Hundes liegen zwischen diesen beiden Extremen. Je nach Rasse und Kopfform decken sie einen Bereich von bis zu 270 Grad ab, also drei Viertel eines Vollkreises. Entsprechend kleiner ist der Bereich des räumlichen Sehens; er entspricht etwa den 30 Grad direkt vor der Nase. Das scheint dem Hund aber zu reichen, denn damit kann er je nach Bedarf sowohl die Entfernung von Beute oder Hindernissen einschätzen als auch Frisbees im Flug fangen.

– Sie sehen also, Hund und Mensch ergänzen sich ganz hervorragend in ihrem Sehvermögen. Der Mensch nimmt fein gezeichnete, farbenfrohe Details in einem weiten Entfernungsbereich wahr, ist aber auf ausreichende Beleuchtung angewiesen; der Hund sieht dafür auch in der Dämmerung gut, insbesondere, wenn sich etwas bewegt.

– Ja, nur am Fernsehen scheint er wenig Freude zu haben. Wobei ich sagen muss, dass mein Hund sich mit Freuden Tier-Dokumentarfilme ansieht.

– Das kann durchaus sein. Ich habe von Hunden gehört, die sich brennend für alte Schwarz-Weiß-Western interessieren. Andere machen sich wie erwartet gar nichts aus Fernsehen, wohl auch weil die geruchliche Komponente fehlt. Da gibt es scheinbar ganz individuelle Unterschiede.

– Zumindest kann ich beim Zappen künftig darauf verzichten, auch den Hund um Erlaubnis zu fragen.

– Das schon, aber eigentlich sollten Sie ihn fragen, bevor Sie das Gerät überhaupt anschalten.

– Wieso, er macht sich doch wahrscheinlich eh nichts draus?

– Die Bilder sind ihm vielleicht egal, aber Ihr alter Röhren-Fernseher macht Geräusche, die Ihr Hund als sehr penetrant empfindet.

– Ah, Sie meinen die Diskussionen im Nachmittagsprogramm?

– Nein, keineswegs, es geht um den sogenannten Sägezahngenerator. Der schwingt mit einem für uns gerade nicht mehr hörbaren Ton und sorgt dafür, dass sich das Fernsehbild Zeile für Zeile aufbaut. Aber Ihr Hund hört sehr wohl in diesem Frequenzbereich.

– Das muss ja ziemlich nerven.

– Nun, er ist es wahrscheinlich gewohnt. Sie würden staunen, wenn Sie wüssten, wie viele Haushaltsgeräte Geräusche machen, die wir nicht bemerken, die aber unser Hund sehr wohl wahrnimmt.

Erstaunlicherweise hängt das Hörvermögen von Hunden im hohen Bereich nicht mit der Körpergröße zusammen. Eine Deutsche Dogge hört ebenso hohe Töne wie ein winziger Chihuahua: Bis zur Frequenz von 65 000 Hertz reicht ihr Gehör, das wären 48 Tasten oder vier Oktaven jenseits der höchsten Klaviernote! Beim Menschen ist schon bei maximal 20 000 Hertz Schluss, entsprechend 28 zusätzlichen Klaviertasten. Und auch das hören nur junge Menschen, sofern sie bisher einen respektvollen Bogen um Rockkonzert-Lautsprecher gemacht haben.

Die 20 höchsten Töne, die der Hund noch gut hört, ergeben in unseren Ohren völlige Stille, egal wie laut sie angeschlagen werden. Auf diesem Prinzip beruht auch die magische Hundepfeife, deren Ton im Ultraschallbereich liegt. Selbst mit geblähten Backen vermögen wir ihr nur ein schwaches Rauschen zu entlocken, während unser Hund noch aus weiter Entfernung aufschreckt. Die Pfeife soll früher auch in Jägerkreisen beliebt gewesen sein, wenn der Jagdhund durch freigiebigen Einsatz der Büchse schon zur Taubheit neigte. Sehr zum Bedauern des jagdbaren Wildes sprach sich jedoch bald herum, dass die Töne nicht nur Hunde hören, sondern auch Rehe, Hirsche und Hasen. Hier zeigt sich leider mal wieder, dass wenige Tiere so schlecht hören wie der Mensch.

Wir machen das zwar am anderen Ende des Klangspektrums etwas wett und nehmen noch ein Brummen von 65 Hertz wahr, doch das beinhaltet zumindest für den Hund keine allzu sinnvollen Informationen. Die für ihn und seine wölfischen Vorfahren interessanten Geräusche sind die feinen hohen Töne, die kleine Nagetiere von sich geben.

Denn neben der klassischen Wolfsbeute wie Reh und Elch stützt sich ihre Diät in mageren Zeiten auch auf Ratten, Mäuse und Eichhörnchen. Es ist also nicht weiter verwunderlich, wenn das Klingeln eines Schlüsselbundes dem Hund Informationen gibt, die wir gar nicht als solche wahrnehmen. Hunde hören außerdem nicht nur höhere Töne als der Mensch, sie nehmen sie auch lauter wahr. Ihr Bereich des besten Hörvermögens liegt um die 8 000 Hertz, was einem zischenden Fahrradventil entspricht. Menschen hören am besten bei 6 000 Hertz, dem für das Sprachverständnis wichtigsten Bereich.

Das hat übrigens auch ganz praktische Bedeutung, etwa, wenn wir unserem Hund Kommandos geben wollen. Menschen sind versucht, ihren Sätzen Nachdruck zu verleihen, indem sie sie mit tieferer Stimme wiederholen. Für den Hund hat das aber den gegenteiligen Effekt: Er hört uns dann schlechter und unser bedrohliches »Wenn du nicht gleich folgst …« kommt nur als blasses Gemurmel bei ihm an. Wenn wir unser Anliegen hingegen mit ein paar Zischlauten garnieren und einem »Hörsssst du!« abschließen, dürfte die Nachricht deutlich genug sein. Ob er dann auch folgt, ist eine andere Frage, aber dazu kommen wir später noch.

Wo wir dem Hund allerdings eindeutig voraus sind, ist das Richtungshören. Ziehen wir einen horizontalen Kreis um unseren Kopf, dann können wir Geräuschquellen noch orten, wenn sie nur ein Winkelgrad voneinander entfernt sind. Bevor Sie jetzt zum Geodreieck greifen oder gar das Schulbuch mit den Sinusfunktionen hervorkramen: Das entspricht dem Abstand zwischen der großen Zehe und der nächstkleineren, in etwa aus Augenhöhe betrachtet. Wenn Sie also an sich hinabblicken, dann könnten Sie gerade noch erkennen, welche Ihrer Zehen zu Ihnen spricht. Hunde unterscheiden höchstens 8 Grad und könnten in unserem Beispiel noch nicht einmal akustisch zwischen den beiden kleinen Zehen unterscheiden. Für Tiere liegen sie damit aber nicht einmal schlecht. Pferde halten Geräusche selbst bei einem Winkel von 30 Grad nur mit Mühe auseinander.

Das erstaunt insofern, als wir Menschen mit unseren unbeweglichen Ohren eigentlich Ohrendrehern wie Hund und Pferd unterlegen sein sollten. Doch bei näherer Betrachtung sind gerade unsere fest anliegenden Ohren beim Richtungshören von Vorteil, denn sie liefern uns zusätzliche Informationen über den Ort einer Schallquelle.

Hören wir beispielsweise ein Radio-Interview mit Kopfhörern, dann erkennen wir die Position der Sprecher daran, dass sie auf dem linken und rechten Kanal in unterschiedlicher Lautstärke wiedergegeben werden. Würden wir das Interview live vor uns erleben, dann würde zusätzlich zur Lautstärke noch die Laufzeit des Schalls zum Stereoeindruck beitragen.

Diese beiden Informationen nutzen auch Hunde, indem sie den Höreindruck von beiden Ohren vergleichen. Ist eine Schallquelle seitlich versetzt, dann kommt der Schall auf dieser Seite sowohl einen Bruchteil früher an als auch etwas lauter. Das Ohr der anderen Seite hört das Geräusch entsprechend später und gedämpft, da Teile des Kopfes im Weg liegen. Diese beiden Informationen werten sowohl Hunde als auch Menschen aus. Wir erkennen dadurch, ob die Schallquelle weiter links oder rechts liegt. Vorne und hinten lassen sich damit allein aber noch nicht unterscheiden.

Dafür ist die Ohrmuschel selbst verantwortlich, die je nach Einfallswinkel bestimmte Frequenzen des Schalls dämpft. Damit differenzieren wir nicht nur zwischen vorne und hinten, sondern orten Schallquellen auch in ihrer Höhe über dem Horizont, also danach, ob sie nach oben oder unten versetzt liegen. Da die Ohrmuscheln beim Menschen unbeweglich und damit mehr oder weniger geeicht sind, ist unsere Ortung in der Vertikalen recht verlässlich. Hunde hingegen haben nicht nur bewegliche, sondern schlimmstenfalls auch noch Hänge-, Knick- oder Schlappohren. Genaue Untersuchungen darüber, wie diese Ohrenformen das Hören beim Hund beeinflussen, gibt es leider noch nicht, aber man kann sich vorstellen, dass zumindest die Einordnung oben/unten für Hunde schwieriger sein dürfte.

Mit anderen Worten: Hunde hören höchste Töne, die für unsere Ohren weit jenseits der Ultraschallgrenze liegen. Dafür können wir Geräuschquellen wesentlich präziser im Raum orten.

– Nun, bisher scheint es ja wohl unentschieden zu stehen. Sowohl beim Gehör als auch beim Sehen ergänzen wir und die Hunde uns offenbar recht gut, oder?

– Ja, aber lassen Sie sich das nicht zu Kopf steigen, Sie werden nämlich gleich einen gehörigen Dämpfer bekommen. Jetzt geht es um den Geruchssinn, die Königsdisziplin der Hunde.

– Na gut, geschenkt. Aber wir holen dann beim abstrakten Denken bestimmt wieder auf, nicht wahr?

– Wenn wir dann noch hier sind …

– Was soll das denn heißen?

– Erkläre ich gleich, aber dazu müssen Sie leider aufstehen. Ich weiß, Sie lesen am liebsten im Liegen, aber jetzt laufen wir beide erst einmal ein Stück.

– Wie, laufen? So richtig rennen? Muss das wirklich sein?

– Ja, das ist wichtig. Also, wenn Sie jetzt bitte so nett wären, hier neben mir in stetigem Trab durch den frühlingshaften Wald zu laufen.

– Na gut, aber warum müssen wir – schnauf – laufen? Können Sie das mit der Hundenase – schnauf – nicht im Gehen erklären?

– Nein, denn dann findet er uns zu schnell.

– Wer findet uns zu schnell?

– Na, der Spürhund. Der startet gerade etwa zehn Kilometer von hier, nachdem er an Ihrer Sträflingskleidung gerochen hat.

– Bitte, das geht mir jetzt aber zu weit. Ich habe gar keine Sträflingskleidung, und ich will auch nichts damit zu tun haben.

– Jetzt bleiben Sie doch nicht gleich stehen. Los, weiterlaufen. Wenn die uns kriegen, dann fliegen wir beide aus dem Buch. Angeblich haben wir uns der metafiktionalen Verschwörung schuldig gemacht, aber Sie wissen natürlich so gut wie ich, dass da nichts dran ist.

– Unsinn, wegen so was werfen die uns doch nicht gleich aus dem Buch.

– Man kann wegen viel harmloserer Sachen aus Büchern geworfen werden, fragen Sie mal eine Lektorin. Jedenfalls sind wir abgehauen und müssen jetzt all unser Wissen über die Hundenase zusammennehmen, um diesen Spürhund abzuschütteln.

– Und dann dürfen wir bleiben?

– Das weiß ich noch nicht, aber die Chancen stehen zumindest besser, wenn wir einen praktikablen Weg finden, mit dem man sich dem Zugriff von Spurensuchhunden entziehen kann. Wissen Sie, manche Menschen interessieren sich aus beruflichen Gründen für so was und werden dann möglicherweise zu Lesern, so wie Sie.

– Nun, ich hoffe mal, dass ich das weder aus beruflichen noch aus privaten Gründen jemals benötigen werde, aber abgesehen davon glaube ich sowieso nicht, dass sich hochsensible Hundenasen so einfach austricksen lassen. Die können wochenlang unsere Spur riechen, habe ich gelesen, sogar wenn wir einen Fluss entlangwaten.

– Das stimmt, und das ist noch lange nicht alles. Sie werden staunen, was Hunde alles mit ihrer Nase anstellen können. Darum ist es ja auch so schwierig, einem gut trainierten Spürhund zu entkommen. Aber lassen Sie mich nur machen, ich verspreche Ihnen, am Ende des Kapitels kriegen wir das hin. Dazu müssen wir allerdings erst mal weiter und uns durch das Unterholz der Hundenasen-Anatomie schlagen. Hier links, bitte. Und passen Sie auf, wo Sie hintreten, es wird jetzt etwas rutschig.

– Herrje, stimmt. Wo bin ich da bloß wieder reingeraten?

Willkommen in der Nase des Hundes. Wir stehen im rechten Nasenvorhof, einer recht geräumigen Höhle mit feuchten Wänden und geschwungener Decke. In Richtung Hinterkopf wird es rasch enger: Geradeaus verzweigt sich der Weg in immer feinere Spalten, die in die untere Nasenmuschel führen. Etwas links und oberhalb hingegen zweigt der Riechgang ab, eine etwas breitere C-förmige Spalte, die seitlich um die untere Nasenmuschel herumläuft und direkt zur Riech-schleimhaut führt. Die liegt tief im Inneren der Nase, fast schon auf Augenhöhe.

Die Nasenscheidewand, eine durchgehende Knorpel- und Kno-chenbarriere, trennt uns vom linken Atemweg, mit dem wir erst in der Höhe des Gaumensegels wieder zusammentreffen. Das Nasenloch ist übrigens nicht einfach eine runde Öffnung wie beim Menschen. Der Hund verfügt über eine Art Klappe, einen mit Haut überzogenen Knorpel, den er mit kleinen Muskeln im Rhythmus der Atmung öffnen und schließen und den eintretenden Luftstrom sogar lenken kann.

Das nutzt der Hund sehr geschickt, um zwischen Atmen und Riechen zu wechseln. Bei der normalen Atmung strömt die Luft gera-deaus in die Spalten der unteren Nasenmuschel. Hier verteilt sie sich zwischen zunehmend feineren, spiralförmig eingerollten Knorpel-platten. Dieser Nasenabschnitt sieht im Querschnitt aus wie ein Sta-pel aufgerollter Pfannkuchen und hat eine riesige, gut durchblutete Oberfläche. Das Ganze funktioniert etwa wie ein Fön: Die angesaugte Luft strömt durch viele kleine Lamellen und erwärmt sich, nur dass die Nasenmuschel die Luft auch noch filtert und anfeuchtet, bevor sie auf dem weiteren Weg den Kehlkopf passiert und in die Lunge gelangt.

Beim Schnüffeln und aktiven Riechen hingegen leitet der Hund die Luft direkt zur Riechschleimhaut um. Er bläht beim Einatmen leicht die Nasenflügel und positioniert die Klappe so, dass die Luft in den Riechgang abgelenkt wird. So umgeht sie die untere Nasenmu-schel und erreicht in der Tiefe der Nase das eigentliche Riechorgan, das sogenannte Siebbeinlabyrinth. Das sind tatsächlich sehr verwirrend angeordnete Gänge, die meist blind enden und mit Riechschleimhaut ausgekleidet sind.

Ähnlich wie in der Nasenmuschel vergrößern spiralförmig aufgerollte Knochenplatten hier die verfügbare Oberfläche. So bringt der Hund in einem gut pflaumengroßen Volumen bis zu 300 Quadratzentimeter Riechschleimhaut unter, etwa die Fläche einer Seite dieses Buches. Zum Vergleich: Wir Menschen haben nur 5 Quadratzentimeter Riechschleimhaut, entsprechend einer kleinen Briefmarke, und verdienen daher zu Recht die Bezeichnung Mikrosmatiker, zu Deutsch etwa »Riechzwerge«.

Die Riechschleimhaut ist, wer hätte das gedacht, mit feuchtem Schleim überzogen und dicht mit Sinneszellen übersät, ähnlich wie der Lichtrezeptor-Rasen am Augenhintergrund. Der Hund bestäubt nun diese Schicht bei jedem Schnüffeln mit den eingeatmeten Geruchspartikeln. Das sind verschiedenste in der Luft verteilte Moleküle, die die meisten Gegenstände und Flüssigkeiten laufend absondern.

Der Makrosmatiker Hund verfügt nicht nur über eine größere Oberfläche, um Gerüche wahrzunehmen, sondern auch über eine größere Vielfalt an Sinneszellen. Hunde bilden etwa 800 verschiedene Arten davon, und jede einzelne ist auf eine bestimmte chemische Struktur spezialisiert, die sie mit einem Rezeptor auf ihrer Zelloberfläche erkennt. Das sind fast dreimal so viele Rezeptortypen wie beim Menschen. Je höher diese Vielfalt, desto besser lassen sich die praktisch unbegrenzten Möglichkeiten an Geruchsmolekülen voneinander unterscheiden. Chemiker haben kürzlich ein allumfassendes System entwickelt, um alle relevanten Geruchsmoleküle einzuordnen. Heraus kam ein etwas unhandlicher Geruchsraum mit 1 664 Dimensionen – was auch gleich erklärt, warum wir Schwierigkeiten haben, unbekannte Gerüche auch nur annähernd zu beschreiben. Den meisten von uns wird schon angesichts der vierten Dimension in Dalís Bild Corpus Hypercubus schwindlig.

Der Hund scheint sich in mehrdimensionalen Geruchsräumen jedoch recht gut zurechtzufinden. Das dürfte vor allem an der Gehirnmasse liegen, die er der Navigation darin widmet. Relativ gesehen, nimmt sein Riechhirn mehr Raum ein als das Sehzentrum beim Menschen. Dabei darf man sich das Ganze nicht einfach so vorstellen, dass beispielsweise der Vanillerezeptor Vanilleduft registriert und der Käserezeptor Käseduft, und nach 800 verschiedenen Gerüchen ist Schluss. Die Rezeptoren sind vielmehr so ausgerichtet, dass einige von ihnen auf Vanilleduft sehr deutlich reagieren, andere nur ein wenig, wieder andere gar nicht. Es ist das besondere Muster an Nervenimpulsen, das dabei entsteht, das im Riechhirn dann in die Wahrnehmung »Vanilleduft« übersetzt wird. Käse bewirkt ein anderes Muster an Nervenimpulsen, andere Gerüche wieder andere Muster, und prinzipiell ist die Zahl der wahrnehmbaren Gerüche nur durch die chemischen Variationsmöglichkeiten der Geruchsmoleküle begrenzt.

Praktisch ist es jedoch äußerst aufwendig, laufend das Reaktionsmuster Hunderter Rezeptortypen im Gehirn auszuwerten, zu vergleichen und zu speichern. Beispielsweise beschäftigen uns Menschen die drei Rezeptortypen für Gelb, Grün und Blau schon hinreichend, um uns die Welt in schillerndster Farbenpracht wahrnehmen zu lassen –

vom Regenbogen bis zur Love-Parade. Diese drei Rezeptoren spannen gerade mal einen dreidimensionalen Farbraum auf, und selbst damit haben wir mitunter Schwierigkeiten, wie manche abenteuerlichen Socken-Schuh-Kombinationen zeigen.

Was nun die Nase des Hundes so einzigartig leistungsfähig macht, ist neben den vielen Rezeptortypen die schiere Rechenleistung, die sein Gehirn deren Nervenimpulsen widmet. Die Riechschleimhaut, eine Tausende von verschlungenen Gängen auskleidende Projektionsfläche, ist die eigentliche Bühne, auf der sich einem Hund das Leben präsentiert. Was er auf dieser gigantischen Leinwand wahrnimmt, ist für ihn unvergleichlich eindrucksvoller als der Film auf seinem Augenhintergrund oder die zirpenden Geräusche, die ihn aus seiner Umgebung erreichen. Sein Gehirn übersetzt das konstante Feuerwerk der Riechzellen in höchst präzise Geruchseindrücke, von der feinsten Ahnung eines Duftes bis zum massiven Schwall sinnverwirrender Schwaden. Alles, was um ihn herum geruchlich vorgeht, wertet das Riechhirn des Hundes haarklein aus und formt daraus detailreiche, vielschichtige und mitunter sogar bewegte Duftgemälde.

Er nimmt den Käse nicht einfach als käsig wahr, sondern kann den Geruch in seine Bestandteile aufspalten. Er riecht Buttersäure, Labferment, Milcheiweiß und die vielen Aromen, die die Bakterien und Pilze der Käsekultur daraus herstellen. Weinkennern gelingt es nach jahrelangem, aufopferungsvollem Training, eine Handvoll Geruchsnoten simultan zu unterscheiden. Doch Hunde leben tagtäglich in einer mannigfaltigen Welt aus Abertausenden von Gerüchen, nehmen zahlreiche Ebenen, Muster und Veränderungen von Düften gleichzeitig wahr, so wie wir vielleicht eine belebte Straßenszene sehen würden.

So, wie wir uns an einen bestimmten Anblick erinnern oder das Bild einer Person merken können, so kann der Hund sich Gerüche aus der Vergangenheit ins Gedächtnis rufen, einzelne Komponenten genauer vorstellen und mit dem vergleichen, was er gerade riecht. Und genau das nutzt er, um sich an unsere Spuren zu heften.

– Merken Sie jetzt, warum Hunde so nützlich sind? Ihre Nase liefert Informationen, für die wir Menschen ein Rudel Privatdetektive bräuchten.

– In Ordnung, der Hund weiß also, wie seine Umgebung riecht, in allen Details und in Super-High-Definition-Hypercolor-1 664-Dimensions-Vision. Aber woher weiß er, wo wir langgelaufen sind? Unser Duft verweht doch nach ein paar Minuten?

– Täuschen Sie sich da mal nicht. Wir hinterlassen wesentlich mehr Geruchsspuren, als wir wahrnehmen oder uns auch nur vorstellen können. Das geht schon mit der Schuppenwolke los, die wir hinter uns herziehen.

– Schuppenwolke? Ich?

– Bitte nehmen Sie es nicht persönlich, das geht uns allen so. Wir können gar nicht anders, als ständig unzählige abgestorbene Hautzellen zu produzieren.

Beim Laufen verstreuen wir, ob wir wollen oder nicht, freigiebig Schuppen – und zwar einschließlich daraufsitzender Bakterien. Diese zersetzen unser Zellmaterial und produzieren dabei eine ganze Wolke von Aromen, ähnlich wie die Käsekulturen. Außerdem sind unsere Zellen selbst eindeutig markiert: mit sogenannten MHC-Molekülen. Die ermöglichen es unserem Immunsystem, fremde von körpereigenen Zellen zu unterscheiden, und helfen Kriminologen beim Erstellen eines genetischen Fingerabdrucks.

Hunde erkennen uns Menschen daran und an der jeweiligen Körpergeruchsnote, sprich, an der Mischung aus Aromen, bakteriellen Zersetzungsprodukten, Buttersäureschwaden und sonstigen Peinlichkeiten, die wir ständig absondern. Glücklicherweise scheinen sie nicht im Geringsten Anstoß daran zu nehmen, schon allein deshalb gebührt ihnen ein Ehrenplatz an unserem Herd. Sie nehmen das Ganze zwar im Detail wahr, wundern sich vielleicht über die neue Patschulinote, die wir aus dem Gedrängel in der U-Bahn mitgebracht haben, wissen aber ansonsten: Das sind wir. Und das wissen sie auch, wenn sie der Spur unserer Hautschuppen folgen, die wir hinter uns gelassen haben.

Wie die Hundenase genau arbeitet, haben Forscher mit einer besonderen Aufnahmetechnik sichtbar gemacht, der Schlierenfotografie. Hierbei handelt es sich endlich einmal um eine aussagekräftige Bezeichnung für eine technische Neuerung, denn die Fotos zeigen die Luftströmung tatsächlich so deutlich wie Tintenschlieren in Wasser. Man nutzt dabei die variable Lichtbrechung unterschiedlich warmer Luft, die auch für das Flimmern verantwortlich ist, das jeder von tanzender Luft über heißem Asphalt im Sommer kennt. Die Schlieren-Fotografie verstärkt diesen optischen Effekt durch ein paar Tricks mit

Hohlspiegeln und Interferenzen und macht dadurch die Bewegung von Luft sichtbar.

So kann man beispielsweise die Luftströmung sehen, die von einem leicht erwärmten Zuckerstückchen aufsteigt. Nähert sich nun eine Hundenase schnüffelnd dem Zuckerstückchen, lenkt das Einatmen diese Duftsäule in Richtung Nase ab, und zwar umso stärker, je näher die Nase kommt. Einen besonders interessanten Effekt bewirkt aber das Ausatmen. Es zeigte sich, dass die Hundenase die Luft nicht nach vorne ausbläst, so wie sie eingeatmet wurde, sondern dass sie nach unten und zur Seite ausströmt. Auch hier sind wieder die Klappen in der Hundenase im Spiel, die den Luftstrom so ablenken, dass er die vor der Nase liegenden Geruchspartikel nicht wegbläst, sondern vielmehr noch zusätzlich ansaugt. Das Ausblasen nach hinten zieht automatisch von vorne neue Luft nach.

Und noch etwas zeigte sich bei den Aufnahmen und anschließenden Auswertung der Luftströmungen vor der schnüffelnden Hundenase: Seitenwind stört diese Aerodynamik, und zwar umso stärker, je weiter die Nase vom Boden entfernt ist. Das erklärt eines der Rätsel, die sich um das legendäre Riechvermögen mancher Hunderassen ranken. Altgediente Hundezüchter schwören Stein und Bein, dass die besten Spurenleser nicht etwa die Hunde mit den größten Nasen sind, sondern die mit den längsten Schlappohren. Die Praxis gibt ihnen recht, ebenso wie die bevorzugten Such- und Schweißhunderassen: Bloodhounds, Beagle und Bassets haben Ohren, die manchem Elefanten Ehre machen würden. Sieht man den Hunden beim Spurenlesen genauer zu, sieht man nicht nur, dass sie kräftig speicheln, sondern auch, dass sie oft mit den Ohren fast auf Bodenniveau entlangschleifen. Dadurch schotten sie den Boden von Seitenwind ab und verstärken den Ansaugeffekt sogar dann, wenn die Nase nicht direkt am Boden schnüffelt. Das dürfte ihr Geruchsfeld vergrößern und beim Spurenlesen helfen.

Spürhunde haben übrigens mehrere Techniken auf Lager, wenn es darum geht, Beute oder Sträflinge zu verfolgen. Konzentriert sich die Hundenase auf die Spur der verstreuten Hautablagerungen, dann nennt man das Trailing. Der Hund verfolgt uns dabei durchaus mal einige Meter neben der Linie, die wir tatsächlich gegangen sind, je nachdem, wohin der Wind unsere Hautwolke geweht hat. Das funktioniert auch, wenn wir durch das Wasser zu flüchten versuchen und nicht gerade in der Mitte der Donau entlangschwimmen. Denn unsere Hautbestandteile verteilen sich im Wasser, lagern sich am Ufer ab und werden sogar neben dem Wasserlauf ins Trockene geweht. Zum Abschütteln müssen wir uns also schon etwas Besseres einfallen lassen als ein wenig durchs seichte Flussbett zu planschen.

Folgt der Hund hingegen mit der Nase exakt unseren Schritten, nennt man das Fährten oder Tracking. Dabei orientiert er sich weniger an unserem Körper- oder Schuhgeruch als vielmehr an den Veränderungen, die unsere Schritte hinterlassen haben: geknickte Pflanzen, aufgewühlte Erde, umgedrehte Steine. All das regt Mikroorganismen zum Stoffwechsel an und verändert den Geruch des Bodens. Das Fährten ist Grundlage eines beliebten Hundesports, bei dem Menschen heftig aufstampfend im Zickzack durchs Gelände marschieren und dabei Gegenstände fallen lassen. Der Hund muss dann ihrer Spur folgen und die Gegenstände wieder einsammeln, wofür es Punkte gibt. Die Hundenase würde die Spur und die Gegenstände natürlich auch wahrnehmen, wenn der Mensch ganz normal geht, aber da es sich um einen Wettkampf handelt, überlässt man ungern etwas dem Zufall. Die Herausforderung für das Mensch-Hund-Team besteht aber eigentlich darin, dem Hund klarzumachen, auf welche der vielen Informationen aus seiner Geruchswahrnehmung wir Wert legen.

Das gilt grundsätzlich beim Spurensuchen mit Hunden – und ganz besonders für die dritte Art, das Stöbern oder Air-Scenting. Hier folgt der Hund weder Hautschuppen noch Trittspuren, sondern wittert direkt einen Hauch der Geruchswolke, die uns Menschen umgibt und die noch in der Luft wahrnehmbar ist. Die Hundenase reckt sich dabei in die Höhe, untersucht die Düfte, die der Wind herbeiträgt, und versucht die Richtung zu erkennen, in der der Geruch stärker wird. Das ist vor allem im Katastropheneinsatz wichtig, wo Suchhunde keiner echten Spur aus Körperzellen oder Fußabdrücken folgen können, sondern eher vage den Körpergeruch von eingeschlossenen oder verschütteten Opfern ahnen müssen. Trotz dieser erhöhten Schwierigkeitsstufe gelingt es Hunden immer wieder, Menschen in mehreren Metern Tiefe zu orten und gezielte Rettungsversuche anzuregen. Der Hund nutzt dabei winzigste Unterschiede in der Geruchsintensität.

Genau diese Unterschiede geben dem Hund übrigens auch den entscheidenden Hinweis, in welche Richtung er einer Bodenspur folgen muss. Studien haben gezeigt, dass Hunde, die in die Mitte einer 30 Minuten alten Spur geführt werden, nach zwei bis höchstens fünf kurzen Atemzügen wissen, in welche Richtung sie ihr folgen müssen.

Skandinavische Wissenschaftler haben das im Detail studiert und zunächst kontrolliert, ob die Orientierung der Schuhsohlen eine Rolle spielt. Dazu legten Versuchspersonen die Spur vorwärts oder rückwärts gehend – ohne Unterschied für die Hunde: Sie folgten immer in der richtigen Richtung. Die Spur eines Fahrrads hingegen konnten sie nicht einordnen. Erst als die Forscher ein Stück Leder um Felge und Reifen banden, wussten die Hunde wieder, in welche Richtung das Rad gefahren war. Offenbar brauchen Hunde einzelne Geruchsabdrücke, die sie untereinander vergleichen können. Dann erkennen sie aus der unterschiedlichen Intensität, welcher Abdruck älter und welcher frischer ist.

– Eine eindrucksvolle Leistung, finden Sie nicht?

– Zugegeben, das hätte ich nicht gedacht. Aber für das nächste Kapitel sehe ich schwarz. Ich sagte Ihnen doch, dass wir einem guten Spürhund niemals entkommen können. Allein schon die Vorstellung, dass er drei verschiedene Techniken für das Spurenlesen draufhat. Wir können vielleicht versuchen, keine Fußabdrücke zu hinterlassen, indem wir durch ein Flughafen-Terminal laufen, aber dann riecht er eben unsere Hautschuppen oder, wenn wir keinen stundenlangen Vorsprung haben, sogar noch unsere Duftwolke.

– Tja, da haben Sie leider recht. Hunde sind in der Hinsicht recht vielseitig, aber wir haben noch ein Ass im Ärmel, so viel kann ich Ihnen schon einmal verraten.

– Ich frage mich, ob wir ihn nicht bestechen könnten? Vielleicht mit vergrabenem Futter oder einer läufigen Hündin am Wegesrand, man weiß ja nie.

– Unser Spurenleser ist kastriert und außerdem weiblich, vergessen Sie also das mit der läufigen Hündin. Aber Bestechung könnte klappen, nur vielleicht nicht so, wie Sie denken. Werfen wir in der Zwischenzeit doch mal einen Blick darauf, wofür Hunde uns sonst noch ihre Nase zur Verfügung stellen.

Der Einsatz der Hundenase beschränkt sich nicht aufs Spurenlesen, so hilfreich das auch sein mag. Für die Polizei finden sie Drogen, Geld, Sprengstoff und Leichen, egal wie geschickt die Gegenseite sich beim Verstecken anstellt. Das geht so weit, dass nicht einmal ein luftdicht eingeschweißtes Drogenpaket im vollen Benzintank vor Hundenasen sicher ist. Zwei Zollhunde namens Lucky und Flo tauchen regelmäßig in den Schlagzeilen auf, weil sie Gepäck mit geschmuggelten CDs und DVDs erkennen können. Wie auch immer sie das anstellen, das Schwierige daran scheint für den Hund wieder einmal nicht zu sein, einen etwaigen Unterschied zwischen Koffern mit und ohne CDs zu riechen, sondern zu wissen, auf welchen Unterschied er achten muss, um uns zu einer Belohnung zu bewegen. Mit anderen Worten: Geschicktes Training kann Hunden künftig vielleicht noch ganz andere Geruchsleistungen entlocken, von denen wir heute noch gar nicht wissen, dass sie überhaupt möglich sind.

Ein Beispiel sind Krebszellen im menschlichen Körper. Mehrere Studien belegen, dass Hunde Proben von an Krebs erkrankten Menschen erkennen können. Dass man überhaupt auf die Idee kam, Hunde darauf zu trainieren und in Studien zu testen, ist eigentlich einem glücklichen Zufall zu verdanken. Einer jungen Frau fiel auf, dass ihr

Dobermann-Mix ausgeprägtes Interesse an einem ihrer Leberflecken am Bein zeigte. Er roch intensiv daran, zum Teil auch durch die Kleidung hindurch, während ihn andere Leberflecken seines Frauchens nicht interessierten. Als er schließlich sogar versuchte, daran zu knabbern, beschloss die Frau, sich damit an einen Hautarzt zu wenden. Es stellte sich heraus, dass es sich bei dem Leberfleck um einen bösartigen Hautkrebs handelte, die Frau ließ sich rechtzeitig operieren, und die Ärzte veröffentlichten den kuriosen Fall im Fachblatt *Lancet*: Das Fachgebiet der hundenasengestützten Labordiagnostik war geboren.

Möglicherweise dadurch angeregt, entdeckten Wissenschaftler kürzlich eine ganz neue Klasse von Geruchsrezeptoren, die sowohl auf Bakterienbestandteile reagieren als auch auf Stoffe des Immunsystems. Tiere können damit offenbar den Gesundheitszustand von Artgenossen riechen. Die Rezeptoren finden sich im Vomeronasalorgan, einem zusätzlichen Riechorgan, das zwischen Mund und Nasenhöhle liegt. Außer der Riechschleimhaut und dem Vomeronasalorgan kennt man noch zwei weitere Riechorgane in der Nase: das Septumorgan in der Nasenscheidewand, das als »Mini-Nase« laufend die Umgebungsdüfte sondiert, und das Grüneberg-Ganglion am Naseneingang, das auf alarmierende Gerüche reagiert. Der Hund hat also im Grunde vier Nasen, die jeweils eigene Aufgaben haben. Das Vomeronasalorgan nimmt nicht nur den Gesundheitszustand, sondern vor allem Pheromone wahr – Geruchsstoffe, die Informationen über Geschlechtszyklus, Paarungsbereitschaft, Aggressionsverhalten und andere für das Sozialverhalten bedeutende Informationen zwischen Artgenossen vermitteln. Beim Menschen ist es vermutlich verkümmert, auch wenn

Parfümhersteller die Hoffnung noch nicht ganz aufgegeben haben und zumindest in der Werbung suggerieren, dass ihre Duftwässer Paarungsbereitschafts-Pheromone enthalten.

Andererseits gibt es zahlreiche Menschen, die auf Aromatherapie und Bachblüten schwören. Manche gehen ohne Notfalltropfen in der Tasche nicht einmal zum Bäcker. Gerüche wirken unterschwellig direkt auf unser Gemüt, weil die Signale der Geruchsnerven, im Gegensatz zu anderen Sinneseindrücken, nicht von der Gehirnrinde gefiltert und zensiert werden, sondern ganz unmittelbar ins limbische System gelangen. Dieser ursprüngliche Teil des Gehirns kommt bei allen Wirbeltieren vor und kontrolliert unter anderem unsere Gefühle und Instinkthandlungen. Daher versetzen uns Gerüche oft ganz unwillkürlich in bestimmte Stimmungen. Mütter seufzen selig, wenn sie am Kopf ihres Säuglings riechen. Und hartgesottene Junggesellen ertappen sich beim Gassigehen mit dem Hund dabei, über die Vorzüge einer festen Bindung nachzudenken, nur weil die Frühlingsluft sie mit Blütenduft einnebelt.

Diesen direkten Weg zum Bauch, unter Umgehung des Kopfes, versuchen wir auch zum Vorteil von Hunden zu nutzen. Schließlich müssen sie irgendwann zum Tierarzt und treffen im Wartezimmer dann auf die Ausdünstungen gestresster Heimtiere. Hier würde das Grüneberg-Ganglion sofort Alarm schlagen und den Hunden signalisieren: Achtung, hier ist irgendetwas im Busch. Die natürliche Reaktion ist Flucht, und Hunde verbringen die Wartezeit meist damit, Ihren Besitzern auf alle nur erdenklichen Arten klarzumachen, dass es ganz dringend nötig ist, das Weite zu suchen. Weil Hunde oft willensstärker sind als ihre Besitzer, gehen nicht wenige unverrichteter Dinge nach Hause, was wiederum die Geschäftsgrundlage von Tierarztpraxen unterminiert.

Hier setzt ein Produkt an, das ebenso einfach wie naheliegend ist: Geruchsstoffe namens Dog Appeasing Pheromone, die Hundemütter beim Säugen abgeben, sollen im Wartezimmer versprüht werden und für Beruhigung sorgen. Aromatherapie für Hundepatienten, sozusagen. Bisher sind die Ergebnisse individuell sehr verschieden, möglicherweise weil manche Hunde die Maskerade so leicht durchschauen wie wir die übertriebene Zuversicht des Fondsmanagers.

– Ja genau, und unsere Tricks würde ein Suchhund ebenso leicht durchschauen. Also, wir sind jetzt fast ein ganzes Kapitel lang gelaufen, haben uns durch die Spalten der Hundenase gezwängt, wir waren auf Bodenhöhe mit Spuren und Gerüchen der gewöhnlichsten Art. Ich will jetzt wissen, wie wir uns aus der Schlinge ziehen!

– Also gut, ich will Ihnen den Trick verraten: Wir drehen einfach die Richtung unserer Spur um. Erinnern Sie sich an die Brücke, an der wir vorhin vorbeikamen?

– Ja, da hieß es aber, Reinspringen hat keinen Sinn, weil man uns dann anhand der Geruchsspuren entlang des Flusslaufes weiterverfolgen kann.

– Das stimmt, aber nur, wenn unsere Spur da auf der Brücke aufhört. Dann würde man den Hund natürlich unten entlang des Flusslaufes weiter suchen lassen. Aber wir sorgen dafür, dass die Spur scheinbar ganz woanders endet, nämlich auf dem Parkplatz da vorne. Dann wird man denken, wir seien mit einem Wagen weitergeflüchtet.

– Genial. Aber wie machen wir das? Müssen wir etwa das ganze Stück zur Brücke rückwärts in unserer Spur laufen?

– Nein, das würde der Hund sofort merken. Sobald er die Brücke passiert hat, würde er an unseren Fußspuren merken, dass er in der falschen Richtung sucht, und zur Brücke zurückkehren.

– Und wie soll es dann funktionieren?

– Kennen Sie das hier?

– Mettwurst, sehr lecker. Freut mich, dass Sie einen kleinen Imbiss mitgebracht haben, aber ich dachte eigentlich, wir seien in Eile.

– Die Mettwurst werden wir uns jetzt beide dick auf die Schuhsohlen schmieren, und dann lassen wir den Rest hier liegen und gehen zurück.

– Und das soll klappen?

– Das klappt sicher. Haben schon andere Hundebuchautoren ausprobiert, und die skandinavischen Forscher mit den Fahrrädern auch.

– Na, dann muss ja was dran sein. Und verraten Sie mir auch wieso?

– Ganz einfach: Die Wurst an unseren Schuhsohlen wird bei jedem Schritt weniger, durch den Abrieb. Deshalb riechen unsere Fußabdrücke hier am stärksten nach Wurst und immer weniger, je weiter wir zur Brücke kommen. Der Hund denkt daher, er folgt uns in der richtigen Richtung und wird dann hier am Parkplatz ganz begeistert die Wurstreste verbellen, während wir längst im nächsten Kapitel sind.

Kapitel 4:
Das Fenster zum Hirn

– Da vorne ist das Ufer flach, da klettern wir raus.

– Uff. Die Schuhe kann ich vergessen.

– Ach was, da stecken Sie Zeitungspapier rein und stellen sie an die Heizung, dann sind die wie neu.

– Wieso denken Sie eigentlich nicht an ein Boot oder so was? Das kann doch nicht so schwer sein, als Autor.

– Das kommt ja gleich noch. Jetzt setzen wir uns erst mal hier in die Sonne. Sie werden sehen, nach ein paar Seiten sind Sie wieder schön trocken.

– Na toll. Geht das jetzt womöglich so weiter? Wissen Sie, ich bin es eigentlich nicht gewohnt, beim Lesen von Kapitel zu Kapitel zu schwimmen.

– Nein, keine Sorge. Diesmal klettern wir.

– Wie bitte?

– Na, da hinter Ihnen, der Berg. Das ist ein erloschener Vulkan. Da müssen wir rauf.

– Vulkan? Wo sind wir eigentlich? Ich kann das andere Ufer gar nicht sehen.

– Auf den Äolischen Inseln. Lipari, um genau zu sein.

– In Italien? Da haben wir uns aber ganz schön verschwommen.

– Von wegen, das ist alles minutiös geplant. Das ist ein Extra-Gimmick, das kriegen Sie sonst in keinem Hundebuch. Schauen Sie mal da vorne, da ist die Hafenmole, wo die Fähren anlegen. Sehen Sie den Hund, der da rumliegt?

– Im Schatten, neben dem Steg?

– Genau der. Wollen wir wetten, dass er schlauer ist als wir? Der hat was drauf, was wir nie zustande bringen würden.

– Ist das wieder so ein Trick mit Hundenase?

– Ach wo, das wäre ja unfair. Nein, der macht das nur mit seinem Verstand. Also, nehmen Sie die Herausforderung an?

– Ich soll meinen Verstand mit dem Hafenhund da messen?

– Ja, und wenn Sie es schaffen, dann klettern wir auch nicht auf den Berg, versprochen.

– Na dann, wenn's weiter nichts ist. Was soll ich tun?

– Inselhüpfen. Versuchen Sie mal, eine der Fähren zu nehmen. Sie können sich eine raussuchen. Die nächste, die anlegt, geht weiter nach Vulcano. Sehr nette Insel, da können Sie in schwefligem Schlamm baden.

– Okay, was heißt gleich noch mal Fahrschein?

– Biglietto. Aber Sie haben natürlich kein Geld dabei, das wäre dann wiederum unfair dem Hund gegenüber, finden Sie nicht?

– Moment mal, soll das heißen, der Hund fährt für lau mit den Fähren spazieren?

– Das glauben Sie nicht? Dann schauen Sie mal zu, wie der das macht.

Hunde, die zur See fahren, gibt es, seit Menschen Schiffe bauen. Sie machen sich nützlich, als Rattenjäger, Maskottchen oder Rettungsring, und haben einen Herrn, der sie auf See begleitet, oder zumindest das explizite Wohlwollen des Kapitäns. Herrenlose Hunde treiben sich eher selten auf Booten herum, und selbst wenn die Reling aus Bratwurst bestünde, würden sie es sich sicher zweimal überlegen.

Jack war eine Ausnahme. Ein Fischer hatte den Welpen mit vier Wochen aufgelesen und in der alten Bootswerft von Lipari überwintern lassen. Seitdem streifte er über den Anlegeplatz der Boote, zwischen Fahrkartenschaltern und Souvenirständen, und verdöste die Tage im Schatten der Holzstege. Er war einer jener Hunde, die man auf vielen Plätzen dieser Welt treffen kann, die sich mit keinem anlegen und mit keinem einlassen, die ein Stück Wurst mit der gleichen stoischen Ruhe annehmen wie ein unfreundliches Wort oder einen Tritt. Kurzum: Er hatte keinen Herrn, weder an Land noch auf dem Wasser.

Und doch war in ihm eine Leidenschaft für die Schifffahrt entbrannt, die selbst unter Bootshunden ihresgleichen sucht. Da er am Hafen aufgewachsen war, hatte er genug Gelegenheiten, das Kommen und Gehen der Fähren zu beobachten, die Anlegemanöver, das Ein- und Aussteigen der Passagiere. Er schien sogar die einzelnen Schiffe auseinanderhalten zu können, lange bevor sie um den Felsvorsprung gebogen waren und in der Hafeneinfahrt sichtbar wurden.

Mit diesem Wissen gewappnet, stand er eines Tages zwischen Koffern und Passagieren am Pier, sah zu, wie der Matrose den Laufsteg festzurrte, und trottete dann seelenruhig als Erster auf das Schiff.

Er machte es sich in einer ruhigen Ecke zwischen dem Gepäck gemütlich und wartete darauf, was als Nächstes passieren würde. Doch
niemand nahm von ihm Notiz, und falls er selbst davon überrascht
war, dann ließ er es sich zumindest nicht anmerken. Man konnte ihn
ohne Weiteres für den wohlerzogenen Hund eines Fahrgastes halten,
so selbstverständlich war die Haltung, mit der er den erfahrenen Reisenden mimte.

Anfangs profitierte er von einem Missverständnis unter dem Fäh-
renpersonal, das den regelmäßigen Gast wahlweise Reisenden, Kollegen oder gar der Hafenpolizei zuschrieb. Als schließlich klar wurde,
dass es sich bei Jack um einen herrenlosen Streuner handelte, hatte er
sich bereits als so vorbildlicher Fahrgast erwiesen, dass selbst die Fäh-
renaufsicht ein Einsehen hatte und seine Gegenwart als kurios, aber
unvermeidlich akzeptierte.

Und so begann Jack zwischen den Äolischen Inseln zu pendeln,
machte Tagesausflüge nach Stromboli, Vulcano und Lipari, blieb auch
einmal länger weg, wenn es ihn bis nach Filicudi verschlagen hatte.
Bald setzte er mit der gleichen Regelmäßigkeit über, mit der er sein
Hafenrevier auf Lipari patrouillierte. Ganz so, als würde er die Fahrpläne lesen können, fand er stets die richtige Verbindung, um zu dem
Holzsteg zurückzukehren, unter dem er aufgewachsen war.

Heißt das, dass Jack begriff, welchen Zweck eine Fähre erfüllt?
Dass er Fahrpläne lesen konnte? Dass er womöglich sogar darüber
nachdachte, wie er ohne Biglietto an Bord kommen könnte? Sind
Hunde viel schlauer, als wir denken, und geben es einfach nicht zu,
um sich nicht noch mehr schlecht bezahlte Arbeit aufzuhalsen?

Dagegen spricht, dass weder Jack noch andere Hunde je versucht haben, ein Schiff zu entführen, obwohl ein Sportboot mit laufendem Motor durchaus mit Pfote und Fang bedienbar wäre. Und selbst das wäre kein zweifelsfreier Beleg für Klugheit oder logisches Denkvermögen. Die näheren Umstände, falls hinreichend bekannt, pflegen in solchen Fällen den Verdacht höherer Geistesgaben zu entkräften. Aus dem Grund sind die intellektuellen Fähigkeiten von Hunden auch so schwer einzuschätzen, wenn man sich nur auf Anekdoten stützt. Der zweite Grund ist, dass sich für jeden geschickten Schachzug eines überdurchschnittlich begabten Hundes beliebig viele Gegenbeispiele finden lassen.

Mag sein, dass Hunde im Alleingang Züge, Autobusse und Metros nutzen. Manche fliegen sogar, wenn auch weniger nach eigenem Gutdünken, sondern meistens *one way* und von Tierschutzorganisationen gesponsert. Viele Hunde haben einen Weg gefunden, nicht nur den Menschen für ihre Ziele zu nutzen, sondern auch seine Transportmittel. Doch sie bilden eher die Ausnahme als die Regel. Im Normalfall hat ein Hund, der ein bestimmtes Ziel vor Augen hat, nur eine Möglichkeit, dorthin zu gelangen: Er geht zu Fuß.

In den Zwanzigerjahren des letzten Jahrhunderts lief der Amerikanische Schäferhund Bobbie auf der Suche nach seiner Familie 4000 Kilometer quer durch die Vereinigten Staaten. Die hatte ihn sechs Monate zuvor bei einem Zwischenstopp auf einer Reise aus den Augen verloren, eine Zeit lang nach ihm gesucht und war schließlich ohne ihn heimgekehrt. Bobbie klapperte daraufhin die Stationen der Reise in umgekehrter Reihenfolge ab, durchstöberte die besuchten Hotels erfolglos nach seinen Menschen und ließ sich von Hundefreunden aufpäppeln, bevor er sich wieder auf den Weg machte. Nach einem halben Jahr erreichte er am 15. Februar 1924 völlig erschöpft seinen Herkunftsort Silverton, Oregon, und seine fassungslose Familie.

Silverton feiert den Jahrestag seiner Rückkehr noch heute alljährlich als Bobbie Day, und die Geschichte dieses Tiers nährt die Hoffnung vieler Familien, ihren eigenen entlaufenen Hund irgendwann wiederzusehen. Das Wunder wiederholt sich gelegentlich und führt dann mit schöner Regelmäßigkeit zu Zeitungsberichten mit abenteuerlichen Mutmaßungen über das Orientierungsvermögen von Hunden. Nur leider übersieht man dabei die viel größere Zahl der Fälle, in denen eben kein Wunder geschah, weil der Hund einfach nicht in der Lage war, nach Hause zu finden (oder schlicht keine Veranlassung dazu sah).

Besonders augenfällig wird diese Diskrepanz, wenn ein und derselbe Hund in manchen Situationen durchaus anspruchsvolle Verstandesleistungen zeigt, während er in anderen intellektuell komplett zu versagen scheint. Wer seinen Hund dabei erlebt, wie er hartnäckig versucht, sein Spielzeug unter dem Sofa hervorzuholen, obwohl es von der gegenüberliegenden Seite ganz leicht erreichbar wäre, wird dessen intellektuelle Fähigkeiten zu Recht anzweifeln. Beginnt derselbe Hund aber nach einigen vergeblichen Versuchen, seinen Menschen anzustupsen und ihn zu einem Stock zu führen, mit dem das Spielzeug hervorzuholen wäre, dann dürfte das Urteil etwas anders ausfallen.

Verhaltensforscher halten sich manchmal selbst Hunde und beobachten dann ähnlich verblüffende Szenen. Wenn sie diese am nächsten Tag ihren Kollegen erzählen, schicken sie in der Regel entschuldigende Worte voraus und betonen, wie sehr es ihnen widerstrebe, menschliche Eigenschaften in ihren Hund hineinzudichten. Aber was sie dann berichten, ist manchmal schwer zu erklären, ohne dem Hund einen wie auch immer gearteten Verstand zuzubilligen. Davon angestachelt, denkt sich das Grüppchen im Idealfall einen Laborversuch aus, mit dem man diesen Verstand wissenschaftlich nachweisen könnte.

Der Erfindungsreichtum der Verhaltensforscher kennt dabei kaum Grenzen, wie die Vielzahl an derartigen Laborversuchen zeigt. Einige davon testen genau obigen Fall – also ob ein Hund versteht, wie man Werkzeug gebraucht. Dazu basteln die Forscher eine Aufgabe, die dem Ball unter dem Sofa ähnelt, und beobachten Hunde unter Laborbedingungen dabei, wie sie das Problem lösen. Forscher legten zum Beispiel in einem Käfig einen Kaustreifen aus und befestigten eine Schnur daran, die aus dem Käfig herausragte. Die Hunde konnten den Kaustreifen ebenso sehen wie die Schnur. Aber sie konnten nur an die Belohnung gelangen, wenn sie an der Schnur zogen. Das Ergebnis war vielversprechend: Nach etwas Herumprobieren kamen fast alle Hunde an die Belohnung, indem sie mit Pfote oder Maul die Schnur bewegten.

Aber hatten sie wirklich begriffen, dass die Schnur ein Werkzeug darstellte? Oder hatten sie einfach nur in der Nähe des Futters so lange herumgetobt, bis sie die Schnur erwischten und auf sich zubewegten? Die Forscher erhöhten den Schwierigkeitsgrad, um das herauszufinden. Sie legten die Schnur schräg aus, sodass sie nicht mehr in der

Nähe des Futters aus dem Käfig ragte. Dann legten sie zwei Schnüre aus, aber nur an einer hing die Belohnung. Schließlich legten sie die beiden Schnüre über Kreuz, sodass diejenige gezogen werden musste, die weiter vom Futter entfernt war. Jetzt zeigte sich ein zunehmend anderes Bild: Insbesondere bei der letzten Variante hatten die Hunde große Mühe, an das Futter zu gelangen, da sie offenbar nicht in der Lage waren, aus dem (übrigens stets sichtbaren) Verlauf der Schnur ihre Funktion abzuleiten.

Das ist etwas enttäuschend, wenn man bedenkt, dass sogar manche Vögel sehr geschickt Werkzeug gebrauchen, um an unerreichbares Futter zu gelangen. Ein kleiner Trost mag sein, dass die gleichen Versuche später mit Katzen wiederholt wurden, die dabei ebenso schlecht abschnitten. Dennoch stehen die Forscher oft niedergeschlagenen Besitzern gegenüber, die es gar nicht fassen können, dass ihr Tier bei einem scheinbar so einfachen Test versagt. Aber zum Glück geht die Geschichte noch weiter. Bei einem weiteren Versuch wurden die Besitzer in das Geschehen einbezogen. Der Versuchsaufbau war leicht verändert – anstelle der Schnur ragte ein Stock aus einem Kasten, der in seinem Inneren einen Ball enthielt –, doch das Prinzip war das gleiche: Ein Werkzeug (der Stock) konnte die Belohnung (den Ball) durch eine Öffnung ins Freie befördern.

Wie zu erwarten, kamen die Hunde nicht hinter das Prinzip, wenn man sie einfach ohne Anleitung mit der Kiste herumfuhrwerken ließ. Doch sobald sie gesehen hatten, wie ein Mensch den Stock betätigt hatte, um den Ball hervorzuzaubern, nutzten die Hunde beim nächsten Versuch ebenfalls den Stock, mit respektabler Erfolgsquote.

Das Ergebnis relativiert das schlechte Abschneiden im Versuch mit der Schnur. Es zeigt, dass Hunde durchaus in der Lage sind, komplexe Probleme zu lösen, auch wenn sie zugrunde liegende Mechanismen offenbar nicht begreifen, zumindest nicht im logischen Sinn. Voraussetzung ist jedoch, dass sie sich ihres Menschen bedienen können, und sei es nur als Hinweisgeber. Dann sind sie sogar in der Lage, das Verhalten des Menschen höchst intelligent zu imitieren.

Die beiden Versuche stehen stellvertretend für eine ganze Reihe von Untersuchungen, die beim Hund das physikalische Verständnis, das logische Denken und die Orientierung in Raum und Zeit auszuloten versuchen. Dabei zeigte sich, dass Hunde in diesen Bereichen bestenfalls über rudimentäre Fähigkeiten verfügen.

Was hat es also mit der Intelligenz von Hunden auf sich? Wenn sie so einfache Grundlagen nicht begreifen, wie kommt es dann, dass sie sich oft so klug verhalten? Woher wusste Bobbie, wie er quer durch die Vereinigten Staaten zurück nach Hause finden würde? Wie konnte Jack die Bootsverbindungen so sinnvoll nutzen, ohne zu ahnen, was Fähren oder gar Fahrpläne sind?

Diese beiden Hunde mögen außerordentlich beharrlich, umsichtig und zielstrebig vorgegangen sein, aber was ihre intellektuellen Fähigkeiten anging, unterscheiden sie sich nicht grundlegend von den vielen anderen Hunden, deren Geistesgaben bisher wissenschaftlich untersucht wurden. Dennoch machten sie genau das Richtige zum richtigen Zeitpunkt, so als hätten sie sehr genau über ihre Möglichkeiten nachgedacht und die vernünftigste Option gewählt, um an ihr Ziel zu gelangen. Wie machen sie das ohne logisches Denkvermögen?

Wie ziehen sie so kluge Schlüsse aus den Eindrücken, die ihnen ihre Sinne vermitteln?

Das Geheimnis dieser Art von Hundeintelligenz liegt in einem Umstand, den wir kaum wahrnehmen, weil wir uns so sehr daran gewöhnt haben. Die Klugheit der Hunde speist sich aus der Ordnung unserer täglichen Lebenswelt. Viele Dinge in unserem Alltag geschehen stets in gleicher Weise, zur gleichen Zeit, mit den gleichen Begleitumständen. Das geht vom regelmäßigen Gang zum Briefkasten über den Feierabend-Verkehrsstau bis hin zu Stimmungsschwankungen aufgrund unseres Blutzuckerspiegels. Hunde haben reichlich Gelegenheit, nicht nur uns und unsere Gewohnheiten zu studieren – was zweifellos ihre Lieblingsbeschäftigung darstellt –, sondern auch alles andere, was um sie herum vorgeht. Da sie gute Beobachter sind, entgeht ihnen kaum etwas, das für sie auch nur im Entferntesten von Relevanz sein könnte.

Aus diesem Fundus speist sich ihre Klugheit; sie schlagen Assoziations-Brücken zwischen Ereignissen, die uns völlig unabhängig erscheinen; sie lernen in kürzester Zeit auswendig, was wir mühsam zu verstehen versuchen. Ein Tagesablauf mit Arbeitern, Reisenden und regelmäßig anlegenden Fähren ist einem Hafenhund so vertraut, dass er die Gerüche der einzelnen Boote und ihre Reihenfolge mühelos vor seiner inneren Nase vorbeiziehen lassen kann. Er kann jeden Fußabdruck auf dem Steg einem der wechselnden Besatzungsmitglieder zuordnen, erkennt, wer von ihnen in die Nähe einer läufigen Hündin geraten war und vor wie langer Zeit.

Wer weiß, ob nicht das der eigentliche Grund für Jacks Ausflüge war? Gelegentlich wurde er in Damenbegleitung auf verschiedenen

Inseln gesehen, auch wenn er ansonsten ein ausgesprochener Einzelgänger war. Er dürfte also bereits stolzer Vater mehrerer unehelicher Würfe gewesen sein, als ihn in noch jungen Jahren eine Krankheit so sehr schwächte, dass ihn die Reiselust gänzlich verließ. Man trieb sogar einen Tierarzt auf, der sich den inzwischen berühmt gewordenen Fährenhund ansah. Doch Jacks Tage waren gezählt, und selbst der Veterinär konnte nichts mehr für ihn tun. In seinem letzten lichten Moment beschloss Jack, sich auf seine Weise zu verabschieden. Er ging zum Strand, watete durch die Wellen, die klappernd Kiesel aufeinanderwarfen, und schwamm ins offene Meer hinaus. Man sah ihn, wie er sich noch einmal nach seinem Hafen auf Lipari umdrehte, mit seinem Steg, den Fischerhäusern und dem dahinterliegenden Vulkan. Einen Augenblick später war er verschwunden.

– Musste das wirklich sein, dass der arme Hund am Schluss umkommt?

– Mir tut es ja auch leid um den Kerl, aber so ging die Geschichte nun einmal aus. Das ist wirklich so passiert, fragen Sie mal jemanden hier am Hafen, viele erinnern sich noch. Aber Jack belegt doch, dass sich manche Hunde tatsächlich klüger anstellen, als wir es ihnen zugestehen würden, mitunter sogar klüger als wir selbst.

– Ach, kommen Sie, das gilt aber nicht. Wenn den alle hier kennen, da kann Jack natürlich fahren, wohin er will.

– Ach ja? Und warum fahren dann nicht alle Hunde mit den Fähren spazieren? Jack war auch mal klein und kannte hier niemanden außer dem Fischer, der ihn irgendwo aufgelesen hatte und der ihn aber dann doch nicht behalten konnte, weil seine Frau fand, dass sie mit den Kindern schon genug Durcheinander im Haus hatte. Da saß der Hund dann eben hier am Hafen rum, ließ sich von den Fischern mit Fangresten durchfüttern und beschloss irgendwann, eines von den Booten zu nehmen, die hier regelmäßig anlegen. Jetzt sagen Sie mir mal, wieso das nicht gelten soll.

– Aber wer würde denn einen Hund nach einem Biglietto fragen? Mich hätte der Schaffner, oder wie das auf Fähren heißt, mit einem strengen Bi-gli-etto zum Schalter zurückgeschickt.

– Ganz im Gegenteil. Den Hund hätte der Steward wahrscheinlich nicht einmal mit Biglietto an Bord gelassen, wenn er gemerkt hätte, dass er ohne Herrchen fährt. Aber das ist ja gerade das Schlaue, dass der Hund einfach so getan hat, als sei sein Besitzer dabei. Ziemlich beeindruckend, oder? Hier ist Ihr Rucksack, wollen wir dann mal losklettern?

– Das ist ja vielleicht ein Unding. Vom Hafenhund ausgetrickst, na, so was!

– Machen Sie sich nichts draus. Ich erzähle Ihnen unterwegs noch ein paar Geschichten zum Grips von Hunden. Kennen Sie Rico, den Border Collie aus *Wetten dass …?*?

Der oft zu Unrecht gescholtenen Fernsehunterhaltungsindustrie gebührt das Verdienst, als Erste die kognitiven Fähigkeiten von Hunden einem breiteren Publikum vor Augen geführt zu haben. Der Border-Collie-Rüde Rico zeigte 1999 bei *Wetten dass …?*, wie er auf Kommando jeweils das namentlich Genannte aus Hunderten von Objekten seiner Spielzeugsammlung hervorholte. Das verblüffte nicht nur die Zuschauer, sondern auch zahlreiche Tierverhaltensforscher, unter denen die kuriose Fernsehwette bald die Runde machte. Deren erste Einschätzung war meistens geprägt von der Überzeugung, es müsse ein Trick im Spiel sein.

Man wusste seit Langem, dass Hunde durchaus Namen lernen können, nicht nur für Aktivitäten oder Kommandos wie »Such« oder »Platz«, sondern auch für Lebewesen und Gegenstände. Gerade Letzteres war ihnen jedoch nur sehr mühsam beizubringen, und in keinem Fall in einer solchen Vielzahl und mit einer solchen Bravour, wie sie Rico zeigte. Einige der Forscher beschlossen, der Sache auf den Grund zu gehen, und nahmen Kontakt mit der Hundebesitzerin auf. Immerhin war denkbar, dass Rico gar nicht die Namen der Gegenstände erkannte, sondern auf unbewusste Hinweise seiner Besitzerin reagierte. Diese Art der Einflussnahme durch den Menschen nennt sich »Schlauer-Hans-Effekt«, nach dem Namen des Pferdes, das in den Zwanzigerjahren des 20. Jahrhunderts per Huftritt scheinbar zählte und rechnete. Bald zeigte sich jedoch, dass das Pferd einfach so lange mit dem Huf aufstampfte, bis der Fragensteller sich beim Erreichen des Ergebnisses kaum merklich entspannte.

Um einen ähnlichen Einfluss von Ricos Besitzerin auszuschließen, wiederholten die Forscher die Aufgabe unter streng kontrollierten Bedingungen. Falls es einen Trick gab, dann fanden sie ihn zumindest auch im Labor nicht heraus. Rico konnte tatsächlich die Namen von um die 200 Spielzeugfiguren auseinanderhalten. Aber er hatte noch mehr zu bieten: War unter mehreren bekannten auch ein unbekanntes

Objekt, dann wählte er dieses aus, wenn er einen unbekannten Befehl hörte. Das heißt, er konnte neue Wörter per Ausschlussverfahren zuordnen und sogar im Gedächtnis behalten. Noch nach Wochen erinnerte er sich an einen auf diese Art neu gelernten Befehl. Ricos Sprachverständnis sei dem von Kleinkindern vergleichbar, hieß es daraufhin, und Hunde rückten ins Blickfeld der Kognitionsforscher.

Bald zeigte sich, dass Rico kein Einzelfall war. Ähnlich begabte Hunde tauchten auf, durchweg Border Collies, deren Wortschatz bei über 300 Begriffen lag. In weiterführenden Versuchen zeigte sich, dass die Hunde nicht nur auf gesprochene Befehle reagierten, sondern auch auf das Herzeigen einer Miniaturversion oder Replik des gewünschten Gegenstands. Eine österreichische Hündin namens Betsy löste die Aufgabe sogar, wenn man ihr nur ein Foto vor die Nase hielt – ziemlich eindrucksvoll, selbst wenn man außer Acht lässt, wie schlecht Hunde sehen. Ist hier echte Intelligenz am Werk? Ist das der erste Schritt zum Sprachverständnis?

Auffällig ist, dass sich unter diesen Wunderhunden so viele Border Collies tummeln. Vom Temperament her sind sie so ziemlich das Gegenteil von Salukis: Sie wuseln aufgeregt umher, versuchen ungefragt, Jogger, Radfahrer und Skater einzufangen und sind selbst mit ausgiebigem Hundesport kaum müde zu kriegen. Ursprünglich wurden sie zum Schafehüten gezüchtet, und wer einmal so einen Hund bei dieser Aufgabe erlebt hat, der versteht auch, warum sie ganz viel Beschäftigung brauchen.

Border Collies entstanden aus mehreren lokalen Schäferhunde-Schlägen im Grenzgebiet zwischen England und Schottland –

ein in weiten Teilen unwegsames, schroffes Gelände, das praktisch nur als Schafweide geeignet ist. Seit Jahrtausenden treiben Schäfer hier ihre halbwilden Herden von See zu See, über felsige Almen und durch jäh abfallende Schluchten. Um die Schafe in diesem Terrain bewegen zu können, brauchen sie verlässliche Hunde, die Kommandos präzise umsetzen. Und das machen Border Collies wie keine andere Rasse.

Ihr Umgang mit den Schafen zählt zu den beeindruckendsten Schauspielen, die Arbeitshunde zu bieten haben. Sie sammeln die weit verstreuten Schafe ein und treiben sie metergenau über enge Pfade, an Abgründen entlang und durch reißende Furten. Sie befolgen eine Vielzahl an Befehlen, die ihnen der Schäfer mit Pfiffen oder Handbewegungen übermittelt, kennen »Rechts!«, »Links!«, »Vor!«, »Zurück!«, »Umdrehen!« oder »Stehen bleiben!«, um nur einige davon zu nennen. Gleichzeitig sind sie in der Lage, selbstständig die jeweils richtige Distanz zu halten, um weder schreckhafte Jungschafe in panische Flucht zu schlagen noch vor wehrhaften Mutterschafen zurückzustecken.

Border Collies zeigen diese Kunststücke übrigens nicht, weil sie von ihrem Schäfer dauernd mit Futterhäppchen belohnt würden. Sie tun das, weil es ihnen Spaß macht. Wenn sie den ganzen Tag wie verrückt hinter Schafen herrennen können, sind sie glücklich; genau dafür wurden sie gezüchtet. Es handelt sich um hoch motivierte Hunde, die kaum Antrieb brauchen, weil die Tätigkeit selbst die Belohnung darstellt. Das trägt natürlich auch dazu bei, dass sie klüger erscheinen als andere, trägere Hunde. Alleine schon weil sie so aktiv sind, beschäftigen sie sich ständig mit irgendetwas. Sie sind leicht dazu zu motivieren, neue Aufgaben zu erlernen, und geben nicht so leicht auf. Das Problem ist eher, sie davon abzuhalten, ständig neuen Unfug zu erfinden.

Doch abgesehen von der Lebhaftigkeit und Ausdauer, die sie für ihre anstrengende Arbeit brauchen, haben Border Collies wohl auch einen speziellen mentalen Zugang zu ihrer Aufgabe entwickelt. Dazu könnte eine Art Schaf-Inventar gehören, das die einzelnen Mitglieder einer Herde nach Geruch, Aussehen und Temperament auflistet. Gleichzeitig dürften sie eine Vorstellung von dem Gelände haben, in dem sie arbeiten, auch wenn sie gerade nicht sehen können, wo sich einzelne Tiere oder markante Wegpunkte befinden. Außerdem sollten sie in der Lage sein, diese beiden Datensammlungen untereinander und mit weiteren Sinneseindrücken abzugleichen, um den Überblick zu behalten – über die im Gelände verstreuten Schafe, die anderen Hunde und die Position des Schäfers.

Dahinter stecken also bemerkenswerte intellektuelle Leistungen, die beim Einsammeln von Spielzeug vor laufenden Kameras durchaus nützlich sind. Dem liegen sogenannte interne Repräsentationen zugrunde: ein gedankliches Abbild der physikalischen Welt, die den Hund umgibt. Das kann eine Landkarte sein, die vor dem geistigen Auge entsteht, aber auch ein vorgestellter Geruch oder gar Klänge und Geräusche. Alle höheren Wirbeltiere sind in der Lage, interne Repräsentationen zu bilden; ja, sie sind sogar darauf angewiesen, um die unterschiedlichsten Herausforderungen ihres Alltags zu meistern – um Nahrung zu finden, sich nicht zu verlaufen, sich gegenüber Feinden oder Artgenossen zu behaupten und sich fortzupflanzen.

Beim Menschen geht diese Fähigkeit so weit, dass er Dinge nicht nur intern repräsentiert, sondern auch mit Symbolen verknüpft, sie also zum Beispiel benennt oder an Höhlenwände zeichnet und damit in etwas Abstraktes verwandelt. Eine Rose kann dadurch im Garten, auf einer Zeichnung oder in einem Gedicht blühen, sie bleibt dennoch stets eine Rose. Hunde, so nahm man an, würden Worte nicht als übergeordnete Kategorie verstehen, sondern bestenfalls mit einer Handlung oder einem gesuchten Objekt direkt verknüpfen können, sprich assoziieren.

Solange Rico auf Kommando bekannte Gegenstände brachte, konnte man noch getrost dessen Fähigkeit zur Assoziation ins Feld führen, um seine Begabung zu erklären. Doch als er zeigte, dass er neue Wörter lernen kann, indem er sie bislang unbekannten Gegenständen zuordnet, zeigten sich erste Zweifel. Reine Assoziation konnte das nicht sein, schließlich waren sowohl Wort als auch Gegenstand neu für ihn. Richtig ins Wanken geriet die These vom Assoziieren schließlich, als man die gesprochenen Befehle durch Repliken, Miniaturversionen oder Fotos des zu suchenden Spielzeugs ersetzte.

Hunde begreifen offenbar Grundzüge abstrakter Konzepte – Fähigkeiten, die man ansonsten nur bei Menschenaffen, Graupapageien und Delfinen fand. Und bei einigen Aufgaben, etwa dem Lernen durch Ausschluss, übertreffen sie sogar unsere nächsten Verwandten. Das zeigt, dass Hunde zu weitaus komplizierteren mentalen Strategien und Repräsentationen fähig sind als bisher angenommen. Da ist es vielleicht auch verzeihlich, wenn sie die Vorzüge von Schnüren einfach nicht kapieren wollen.

– Interessante Karriere, vom Fernsehstar ins Hundelabor. Aber ich bin überrascht, was manche Rassen so draufhaben. Was meinen Sie, ob Loriots Film vom sprechenden Hund anders ausgegangen wäre, wenn er einen Border Collie genommen hätte?

– Kann schon sein. Es gibt ein Video auf YouTube, da sagt ein Hund »Mama«. Ein Border Collie übrigens.

– Toll, das kann man sicher prima im Labor untersuchen. Was kommt als Nächstes? Aktiver Wortschatz? Rechtschreibung?

– Wissen Sie, mit den Intelligenztests bei Hunden ist es ohnehin so eine Sache, ganz besonders, wenn wir deren Leistungen mit unseren vergleichen. Da gehen wir im Grunde von der falschen Voraussetzung aus, dass wir uns auf einer linearen Skala befinden, mit Einstein an einem Ende und einer Amöbe am anderen, und dass wir da auch den Hund irgendwo einordnen könnten. Aber mit der gleichen Berechtigung könnten Hunde ihre eigene Skala eröffnen und untersuchen, wie gut wir zum Beispiel im Spurenlesen sind. Vielleicht würden sich einige sehr geschickte Spurenleser unter nordamerikanischen Ureinwohnern finden, aber die Hoffnung, dass eines Tages ein Mensch mit der Nase auf dem Boden jemanden quer durch die Stadt verfolgen könnte, wird sich damit kaum erfüllen. So wie Menschen nun einmal leider nicht die richtige Nase dafür haben, verfügen Hunde nicht über das richtige Gehirn, um logisch zu denken, zu lesen oder zu schreiben.

– Aber Sie sagten doch eben, dass Hunde sogar abstrakt denken können. So schlecht kann deren Gehirn also gar nicht funktionieren!

– Natürlich funktioniert das genauso gut oder schlecht wie unseres oder das von irgendeinem anderen gesunden Tier. Wichtig ist ja, dass das Gehirn das bietet, was das Tier zum Überleben braucht, dafür hat es die Evolution optimiert. Nein, was ich meine ist, dass die Architektur unseres Gehirns anders ist als die des Hundes. Wichtig ist, dass Sie sich jetzt konzentrieren, denn es wird gleich etwas anstrengend. Wollen Sie noch mal tief durchatmen, während ich hier das Seil an Ihnen festbinde?

– He, was kommt denn jetzt wieder?

– Das letzte Stück ist etwas steiler, aber keine Sorge, ich halte Sie schon. Ich sagte ja, ab und zu müssen Sie sich etwas anstrengen. Aber wir haben es ja schon fast geschafft.

– Entschuldigen Sie mal, aber das ist doch eigentlich Ihre Aufgabe als Autor, dafür zu sorgen, dass es für mich als Leser gerade nicht anstrengend ist.

– Da haben Sie natürlich völlig recht. Ich tue auch mein Möglichstes, um Sie mit unserem kleinen Dialog bei Laune zu halten, aber manche Dinge sind nun einmal etwas schwer zu erklären. Erinnern Sie sich an den 1 664-dimensionalen Riechraum?

– Mit Schaudern.

– Sehen Sie, das ist noch gar nichts gegen die unvorstellbar vieldimensionale Welt, die sich auftut, sobald wir ins Gehirn selbst vordringen. Natürlich können wir auch den Hubschrauber nehmen, statt zu klettern, und einfach behaupten, dass das Hundegehirn fast so kompliziert ist wie unser eigenes und daher undurchschaubar, Punkt und basta. Aber mit ein wenig Mühe können wir dem Ganzen immerhin so nahe kommen, dass wir zwar nicht das Gehirn selbst verstehen, aber uns doch dessen Komplexität vorstellen können.

– Und das hilft uns beim Verstehen des Hundegehirns?

– Ja, weil es einen grundlegenden Unterschied gibt, der vieles von dem erklärt, was wir bisher an Laborbefunden kennengelernt haben. Sind Sie so weit?

– Rennen, Schwimmen, Klettern. Ich frage mich, was Ihnen als Nächstes einfällt. Ich bin übrigens nicht schwindelfrei.

– Schauen Sie einfach nicht nach unten. Den linken Fuß hierhin, bitte schön.

Das Gehirn des Menschen ist nicht viel komplexer aufgebaut als das eines Hundes. Wir haben eine größere Hirnrinde, ausgeprägtere Sehzentren, aber dafür ein kleineres Riechhirn und eine schlechtere Arm-Bein-Koordination. Selbst unter dem Mikroskop sieht das Gewebe weitgehend gleich aus. In beiden Gehirnen bilden die Zellen die gleichen Axone und Dendriten: Nervenfortsätze, mit denen sie untereinander in Kontakt treten. An den Berührungsstellen, den Synapsen, leiten Hunde die Nervenimpulse mithilfe der gleichen Botenstoffe weiter wie der Mensch. Der Unterschied ist, anatomisch gesehen, also eher graduell.

Das legt auf den ersten Blick die Vermutung nahe, dass im Prinzip nichts dagegen spricht, dass auch Hunde menschliche Formen von Intelligenz entwickeln könnten. Vielleicht bräuchten sie nur einfach die richtige Förderung und ein wenig züchterische Gehirnoptimierung, dann könnten wir sie Einkaufen schicken und mit ihnen übers Schafehüten plaudern. Doch gerade die Sprache ist eine unangefochtene Domäne der Menschheit, und nach Meinung einiger Gehirnforscher ist es just dieses kleine Detail, das alles ändert.

Als der Mensch sprechen lernte, lernte er auch, Gedanken in Worte zu fassen und seine Aufmerksamkeit auf diese Denkvorgänge zu lenken. Wir wälzen Probleme im Kopf hin und her und suchen nach Lösungen, indem wir sie verbalisieren. Unsere Vorstellungen davon, wie die Welt funktioniert, wie Dinge und Ereignisse zusammenhängen, kleiden wir in Sprache. Anders wäre uns weder das Nachdenken über Hypothesen noch das Verstehen von ursächlichen Zusammenhängen möglich. Aus diesem Grund interessiert Kognitionsforscher vielleicht auch so sehr die Fähigkeit von Tieren, Ansätze von Sprache zu erlernen, seien es Graupapageien, Menschenaffen oder Hunde.

Es gibt mehrere Theorien dazu, wie Sprache entstand, aber über eines ist man sich weitgehend einig: Tief im Inneren des menschlichen Gehirns arbeitet ein mächtiger Mechanismus, der uns von allen anderen Tieren unterscheidet und der die Entwicklung der Sprache überhaupt erst ermöglichte. Was das menschliche Gehirn vor etwa 40 000 Jahren zu Beginn der jüngeren Altsteinzeit so leistungsfähig machte, dass bald eine schiere Explosion an Erfindungen und kulturellen Errungenschaften folgte, war nichts anderes als eine Revolution der Nervenzellen. Unser Gehirn entdeckte die Macht standardisierter Schnittstellen.

Um das zu verstehen, hilft es, am Beispiel des Sehens noch einmal kurz den Weg von reinen Sinnesreizen bis zur Wahrnehmung etwa eines Labradors zu verfolgen: Die Sinneszellen im Auge registrieren Lichtreize und bilden daraus nicht viel mehr als eine Sammlung von Helligkeitswerten, etwa so wie eine Digitalkamera lediglich eine Tabelle mit Pixelwerten produziert. Weder die Kamera noch unser Augenhintergrund nehmen den Labrador wahr, der sich vor ihrer Linse befindet. Damit das Gehirn einen Hund als solches erkennen kann, müssen höhere Zentren die Lichtpunkte verarbeiten und interpretieren.

Das beginnt schon im Augenhintergrund. Die Lichtsinneszellen leiten ihre Impulse an ein Netz direkt darüberliegender Nervenzellen weiter, die beispielsweise Linien erkennen und daraufhin ein Signal abgeben. Eine nächsthöhere Schicht errechnet aus diesen Signalen wiederum, ob sich Linien überschneiden und dabei Ecken entstehen. In den Sehzentren des Gehirns setzen sich diese übereinandergestaffelten Nervenhierarchien fort, bis am Ende der Kette jeweils spezialisierte Gehirnregionen für die Erkennung von Umrissen, Farben, Mustern oder Bewegungen zuständig sind.

Das Erstaunliche daran ist nun, dass diese spezialisierten Zentren in ganz verschiedenen Bereichen des Gehirns untergebracht sind. Damit aus diesen verteilten Wahrnehmungen in unserem Bewusstsein das Bild eines Hundes entsteht, muss das Gehirn die Ergebnisse aus den verschiedenen Gehirnregionen zur Deckung bringen. Trotz intensiver Suche fand man aber kein weiteres übergeordnetes Zentrum, das diese verteilten Informationen zu der Erkenntnis: »Aha, da läuft ein schwarzer Labrador«, zusammenführen würde. Und nicht nur das: Man fand auch kein Zentrum, das dessen Gebell mit einbezogen hätte oder das gleichzeitige Ziehen an der Leine in unserer Hand. Man fand nichts als viele im Gehirn verteilte Zentren, die jedes für sich diese verschiedenen Aspekte als Eindrücke produzieren, und stand nun vor dem sogenannten Bindungsproblem: Wie bündelt das Gehirn all diese verteilten Informationen zu der nahtlosen Realität, als die wir unsere Umgebung empfinden?

Inzwischen weiß man: Es gibt keinen zentralen Ort im Gehirn, der diese verstreuten Eindrücke sammelt und koordiniert, kein Kommandopult, das Schlussfolgerungen zieht und Entscheidungen trifft. Und es gibt auch keine Gehirnregion, in der das Ich wohnt, auch wenn das vielleicht unserer Intuition widerspricht. Das Gehirn ist ein dezentral organisiertes Netzwerk, ähnlich wie Heringsschulen, Globalisierungsgegner oder das Internet. Die Wahrnehmung unseres Ich ist eine Illusion, die in unserem Bewusstsein entsteht, während in rascher Folge kleine Teile dessen, was wir wahrnehmen, in den Suchstrahl unserer Aufmerksamkeit tauchen. Diese Ausschnitte der Wirklichkeit verbindet das Gehirn zu der geschmeidigen Empfindung von Realität, so wie es Farben, Umrisse und Bewegungen zu einem Labrador verschmilzt.

Um die unzähligen Gedankenprozesse auf geordnete Weise zu organisieren, verfügt das Gehirn über etwas viel Leistungsfähigeres als ein übergeordnetes Ich: Das Gehirn schwingt. Seine Nervenreize summen, oszillieren, vibrieren in unendlich mannigfaltiger Weise, so einer der aktuellsten Erklärungsversuche zum Bindungsproblem. Demnach schwingen Erregungen rhythmisch zwischen Nervenzellen hin und her, ziehen auf kreisförmigen Bahnen durch die Hirnrinde und koordinieren sich untereinander, indem sie ihr Schwingungsmuster angleichen.

Nervenzellen aus den entferntesten Enden des Gehirns können auf diese Weise miteinander in Verbindung treten, ohne dass eine

Schaltzentrale sie dabei unterstützen müsste. So wie wir aus Schallwellen in einem Raum voller Menschen genau die Worte heraushören, die unser Gegenüber spricht, so verschränken die Oszillationen der Nervenimpulse genau die Zentren, die eine gemeinsame Wahrnehmung verarbeiten. Vereinfacht ausgedrückt: Was gleich schwingt, gehört zusammen. Was also Umriss, Farbe und Bewegung zum Bild eines Labradors zusammenführt, sind synchron vibrierende Erregungen, und diese Schwingungen sind die eigentliche Wahrnehmung, die als sinnliches Erleben in unser Bewusstsein tritt.

Dieses Prinzip zieht sich durch alle höheren Gehirne, ob Maus, Mops oder Mensch: Sinneseindrücke führen zu synchronen Schwingungen in den jeweils zuständigen Gehirnarealen. Und es beschränkt sich keineswegs auf die Wahrnehmung. Instinkte, Gefühle, Bedürfnisse sind nichts anderes als ein Zusammenspiel von Schwingungen, die ihrerseits wieder andere Schwingungen und damit Handlungen auslösen. Man könnte das Gehirn als eine riesige Ansammlung einzelner Module sehen, die sich durch ihr Schwingungsmuster koordinieren. Da Nervenimpulse auf sehr vielfältige Art und Weise Schwingungsmuster bilden können, ergibt sich ein unvorstellbar vieldimensionaler Gedankenraum, durch den das Gehirn navigieren kann.

Bis hierher unterscheidet sich unser Gehirn aber noch nicht von dem unseres Hundes: Auch er hat eine Art von Bewusstsein, das heißt, er richtet seine Aufmerksamkeit auf Wahrnehmungen aus seiner Umgebung. Wie wir bezieht er seinen momentanen Zustand mit ein, also ob er hungrig ist, spielen will oder Angst hat. Und wie bei uns führt ihn das meistens zu den jeweils angemessenen Reaktionen und Handlungen. Doch lange bevor der erste Hund um das Lagerfeuer der ersten Hundehalter schlich, veränderte sich im Gehirn des frühen Menschen etwas Grundlegendes. Die einzelnen Module des Gehirns lösten sich in ihrem Zusammenspiel von den festen Regeln, die noch beim Menschenaffen gelten: dass nämlich mehr oder weniger feststeht, welches Modul mit welchem anderen in Wechselwirkung treten kann. Das Ganze ließe sich vergleichen mit einer Vielzahl von Behörden, die zwar alle Zugriff auf einen gemeinsamen Datenbestand haben, aber nicht auf die Vorgänge innerhalb anderer Behörden zugreifen können.

Der Mensch entwickelte nun eine übergeordnete Regel, die (stark vereinfacht ausgedrückt) besagte: Alles kann mit jedem Informationen austauschen. Die Datenbanken und Vorgänge aller Behörden wurden vereinheitlicht und untereinander zugänglich gemacht, und der Amtstierarzt konnte sofort sehen, ob der freundliche Herr, der ein Gesundheitszeugnis für seinen Dackel wünschte, schon die Hundesteuer bezahlt hatte. Dazu musste das menschliche Gehirn die Schnittstellen der Module standardisieren und eine Art Gehirnesperanto schaffen. Aber dafür konnte es jetzt jede Wahrnehmung, jeden Gedanken und jedes Gefühl in den Suchstrahl der Aufmerksamkeit tauchen. Nachdenken über das Denken selbst wurde möglich.

Und genau das ist der eine fundamentale Unterschied, der uns bei allen anatomischen Ähnlichkeiten von anderen Tieren unterscheidet. Dem Hund fehlt dieses reflektive Bewusstsein. Er fragt sich nicht: »Was wird Herrchen wohl von mir denken, wenn ich den Futtersack umwerfe und leer fresse?«, oder: »Weiß er, dass ich jetzt gerade darüber nachdenke, was er dann von mir denken wird?« Er fragt sich vielmehr: »Passt er auf, was ich mache, oder ist er abgelenkt?«, und das ist ein grundlegender Unterschied.

Hunde wissen sehr wohl, dass es andere Individuen mit eigenen Absichten gibt, die sich von den ihren unterscheiden. Sie verstehen zum Beispiel, dass es mehr Sinn hat, diejenige von zwei Personen anzubetteln, die weiß, wo die Futterdose versteckt ist. Sie begreifen, dass sie verbotenes Futter am besten klauen können, wenn der Bewacher abgelenkt ist, wie wir noch sehen werden. Doch der nächste Abstraktionsschritt, die Vorstellung davon, was in einem anderen Individuum vorgeht, welche Gedanken es haben mag und dass unsere Gedanken wiederum Gegenstand von dessen Bewusstsein sein könnten, diese geistigen Höhenflüge sind nur dem Menschen möglich.

Während wir uns diese neuen Geistesgaben aneigneten, stieg unsere Gehirnleistung rasant an. Insbesondere die Großhirnrinde nahm deutlich zu, und damit auch der Energieverbrauch. Noch weiß niemand genau, wie das im Detail vor sich ging und welche Gehirnstrukturen sich dafür in welcher Reihenfolge verändern mussten. Doch man nimmt an, dass das Leben in zunehmend komplexeren Sozialstrukturen die treibende Kraft dahinter war: Wer andere im Clan besser einschätzen konnte und erkannte, was diese beabsichtigten, hatte einen klaren Vorteil.

Fest steht, dass Menschen durch diesen Quantensprung in der Gehirnentwicklung all die Fähigkeiten entwickelten, die sie von anderen Tieren unterscheiden. Sie hatten insbesondere einen gut sortierten Werkzeugkasten für die Erfindung der Sprache zur Hand: Menschen konnten nun mentale Symbole, sprich Worte und Bilder, als Platzhalter nutzen. Sie konnten dies sowohl für konkrete Wahrnehmungen als auch für abstrakte Gedanken tun und dadurch Rechenleistung sparen. Sie konnten diese Symbole untereinander kombinieren und zu Sätzen ausformen. Sie konnten Regeln wiederholt darauf anwenden, so dass Nebensätze möglich wurden, an die sich weitere Nebensätze so wie dieser anschließen konnten.

Doch das mächtigste aller Werkzeuge war die Zusammenschau von Wissen und Erfahrungen aus den verschiedensten Bereichen unseres Denkens. Im neu geschaffenen, vereinheitlichten Gedankenraum konnte der Mensch nun dieses Wissen analytisch zergliedern, logisch verknüpfen und kreativ kombinieren. Er konnte Kunstwerke schaffen, Konstruktionen ersinnen und Kriegslisten aushecken. Unserem Denken war nun jeder Winkel dieses unvorstellbar vieldimensionalen Universums aus Schwingungen zugänglich, und wir konnten uns prinzipiell alles vorstellen, was nur vorstellbar war – vom Quarkstollen bis zur Quantenphysik.

Man könnte unsere geistige Position mit einem Berggipfel vergleichen, von dem aus wir die Lage von Stegen, Häfen, ganzen Inseln erkennen und studieren können, während Hunde am Strand sitzen und übers Meer hinaussehen. Auch wenn uns die Evolution an den Strand derselben Insel gespült hat, sind wir als Einzige in der Lage, auf den Berg zu klettern. Das ist der erhöhte Ausblick, der Hunden fehlt und der es Menschen möglich macht, über Probleme zu grübeln, Zusammenhänge zu begreifen und Lösungen zu finden. Keine dieser Fähigkeiten werden wir Hunden je beibringen können, bevor die Architektur ihrer Gehirne das Nachdenken über das Denken erlaubt.

– Jessas, das war aber steil.

– Schon, aber war das nicht die Mühe wert? Schauen Sie mal: dieser wundervolle Überblick nicht nur über das Gehirn des Hundes, sondern auch über unser eigenes?

– Ich weiß ehrlich gesagt gar nicht, ob ich das so genau wissen wollte. Abgesehen davon habe ich ohnehin nicht alles verstanden.

– Macht nichts, ich auch nicht. In zehn Jahren wird man das wieder ganz anders erklären. Aber entscheidend ist, dass Sie sich von Ihrem reflektierenden Bewusstsein verabschieden, denn nur so können Sie verstehen, wie Hunde denken.

– Ich war eigentlich immer ganz zufrieden mit meinem reflektierenden Bewusstsein. Ich mag die Vorstellung, dass da jemand in meinem Oberstübchen sitzt und denkt und entscheidet. Ich sehe ihm gerne dabei zu. Und jetzt soll alles auf synchronen Schwingungen beruhen, die uns das nur vorspiegeln.

– Aber wir beide hier sind doch auch nur Worte auf Papier, und trotzdem haben Sie als Leser den Eindruck, unser Gespräch würde tatsächlich stattfinden, wenn auch nur in Ihrem Kopf. Wenn wir uns auf das konzentrieren, was wir lesen, gelingt es uns, die Welt um uns herum auszublenden. Das ist die Macht, die Sprache hat, und das ist auch der Grund, warum Menschen Geschichten brauchen, am besten solche, die einen Film im Kopf starten. Hunde kennen keine Geschichten. In ihrem Kopf würde niemals ein Film ablaufen, selbst wenn sie extrem begabte Border Collies wären und alle Worte der Geschichte verstehen könnten.

– Hören Sie, das ist mir viel zu kompliziert. Könnten Sie das mal in einfachen Worten erklären, warum Hunde nicht logisch denken können?

– Ich will mal versuchen, Ihnen das mit einem Beispiel zu illustrieren. Geben Sie mir doch bitte kurz Ihren Rucksack. Ah, da ist es ja. Jetzt sehen Sie mal hier in dieses Buch.

– Ein Buch? Auch noch gebunden, wie schön. Und Sie haben mich den Wälzer tatsächlich den ganzen Weg hier hochschleppen lassen?

– Naja, damit ich Ihnen das jetzt mal bildhaft zeigen kann. Moment, wo ist es denn? Lesen Sie doch mal hier, den Anfang dieser Seite.

– Also, hier gehts los mit

»– Da vorne ist das Ufer flach, da klettern wir raus.

– Uff. Die Schuhe kann ich vergessen.

– Ach was, da stecken Sie Zeitungspapier rein und stellen sie an die Heizung, dann sind die wie neu.

– Wieso denken Sie eigentlich nicht an ein Boot oder so was? Das kann doch nicht so schwer sein, als Autor.«

Nanu? Aber das ist ja unser eigenes Gespräch vom Anfang des Kapitels.

– Richtig. Sie könnten jetzt weiterblättern bis zu dieser Seite hier und genau diese Zeile lesen, und dann würden Sie nur noch diese

»und genau diese Zeile lesen, und dann würden Sie nur noch diese

›und genau diese Zeile lesen, und dann würden Sie nur noch diese‹« …

– Jaja, schon gut, ich hab's kapiert. Das Ganze ist sozusagen ein Bild im Bild im Bild und so weiter, wie die Ohrringe der lachenden Kuh.

– Das trifft es genau, ein Bild im Bild. Und so können wir uns das Denken des Menschen vorstellen. Wir können uns einerseits an den zurückgelegten Weg hier nach oben erinnern, uns vielleicht auch ins Gedächtnis rufen, was uns wo widerfahren ist. Doch das könnte möglicherweise auch Jack, der Hafenhund, wenn er uns begleitet hätte, obwohl seine Eindrücke von der Strecke sicher ganz andere wären als die unseren. Aber wir können das Erlebte andererseits auch in Sprache fassen, können eine Geschichte daraus werden lassen und können beliebig viele dieser Geschichten ineinanderschachteln. Das charakterisiert Menschen: Sie können sich ins Innere anderer Menschen versetzen und sich darin spiegeln, so wie wir uns im Inneren dieses Buches spiegeln.

– Eine ziemlich verwirrende Vorstellung.

– Na, so verwirrend auch wieder nicht. Stellen Sie sich einfach vor, Sie würden das Buch hier lesen und unsere Gespräche einfach überspringen, was ja ohne wirklichen Informationsverlust möglich wäre. Das ergäbe dann eine lineare Version, die dem Denken im Gehirn des Hundes entspricht. Die Dialoge dazwischen spannen hingegen eine weitere Dimension auf, die metafiktionale Ebene, wenn man so will. In ihr haben wir beide plötzlich die Möglichkeit, uns über die lineare Version zu unterhalten sie zu reflektieren und zu kommentieren. Und damit nicht genug: Wir können uns auch über unser Gespräch unterhalten oder über was auch immer uns in den Sinn kommt. Merken Sie, wie unendlich vielfältig die Möglichkeiten plötzlich sind, sobald man den linearen Handlungsstrang verlässt?

– Und das ist mit unserem Gehirn passiert, als wir anfingen, über das Denken nachzudenken?

– Genau. Das ist, grob vereinfacht, die Besonderheit, die unser Gehirn von dem des Hundes unterscheidet. Ihm fehlt diese Gabe, und mehr müssen wir darüber gar nicht wissen, um eine erste Vorstellung von seinem Denkvermögen zu bekommen.

– Ich muss sagen, ich bin ein wenig überrascht. Ich hatte eigentlich gedacht, Hunde seien vernunftbegabter. Wenn ich daran denke, wie gelehrig sie sind und wie bravourös sie manche Aufgaben lösen ...

– Sie dürfen mich nicht missverstehen. Natürlich sind Hunde in vielen Belangen höchst geschickt, erkennen subtilste Hinweise und leiten daraus erstaunlich gute Vorhersagen ab. Sie stoßen nur an Grenzen, wenn es darum geht, ursächliche Zusammenhänge zu verstehen, logisch zu denken, abstrakte Begriffe zu bilden. Ihre gedankliche Leistung entspricht sturem Auswendiglernen und nicht dem Verstehen von Mechanismen. Aber das soll ihre Stärken keineswegs schmälern. Um die geht es ja gerade im nächsten Kapitel. Denn Hunde leisten schier Unglaubliches beim Interpretieren menschlicher Gesten, Stimmungen und Handlungen.

– Klingt interessant. Wo ich das Buch nun schon mal hochgeschleppt habe, kann ich dann wenigstens vorausblättern und sehen, was in den nächsten Kapiteln auf uns zukommt?

– Das können Sie tatsächlich tun, und zwar sowohl in der Wirklichkeit als auch auf dieser Erzählebene und natürlich auch auf jeder darunter liegenden, gespiegelten. Wer weiß, vielleicht ist das Ergebnis jedes Mal anders?

– Sie haben wohl noch nicht genug Verwirrung gestiftet, was? Ich glaube, ich weiß was, um Ihnen diese Erklärflausen auszutreiben. Wissen Sie, ich habe zufällig Verwandtschaft, die sich brennend für Hunde interessiert. Die sollten Sie mal kennenlernen.

– Ich weiß nicht so recht. Wir müssen eigentlich weiter, und …

– … und da hinten stehen schon die Paraglider, oder wie? Nein, nein, ich hole jetzt erst mal meine Cousins. Vorher lese ich keine Zeile mehr.

Kapitel 5:
Buena Vizsla Social Club

– Aha, ich sehe, Sie haben Besuch mitgebracht.

– Darf ich Ihnen meine beiden Cousins vorstellen? Leute, das ist der Autor.

– Hallo zusammen, sehr erfreut.

– Also, ich hab ihn mir anders vorgestellt, irgendwie gediegener.

– Und er sieht auch nicht so aus, als würde er viel von Hunden verstehen.

– Nein, nein. Leute, das täuscht. Ich dachte auch erst, ich bin im falschen Buch, von wegen Rahmenhandlung mit persönlicher Leseransprache und so. Aber er wird euch das gleich alles erklären. Wartet erst mal ab, bis er von den Dimensionen anfängt.

– Dimensionen? Ich dachte, es geht um Hunde?

– Ja, genau. Es hieß, wir können den Typ löchern mit Hundefragen. Wissen Sie, mein Collie hat nämlich diese Angewohnheit ...

– Äh, Moment mal, soll das heißen, ich soll jetzt auf all Ihre Fragen eingehen? Wissen Sie, wir machen hier eigentlich gerade eine kleine Privatführung durch das Innenleben des Hundes, und, ähem, die Zeit drängt, wie man so schön sagt. Also dürfte ich vorschlagen, dass Sie mir einfach eine E-Mail an info@was-hunde-denken.de ...

– Nein, das ist viel zu umständlich. Wo wir beide doch nun schon mal hier sind, da können Sie doch direkt draufloserklären, oder was meinst du?

– Na eben, soll er doch mal Klartext reden. Hören Sie, also mein Hund macht immer Folgendes ...

– Also bitte, nein, das geht jetzt wirklich nicht. Der Leser hier war vor Ihnen dran und, äh, wo ist der überhaupt? Na egal. Haben Sie eigentlich schon Eintritt bezahlt?

– Nö, unser Cousin hat uns das Buch geliehen.

– Und die GEMA sagt, Bücher privat verleihen ist keine Piraterie, nicht mal wenn es ein E-Book ist, und deshalb ...

– Sie meinen die VG Wort?

– VG Wort, GEMA, GEZ, hol's der Geier, jetzt sind wir schon auf der zweiten Seite, und Sie haben immer noch nichts Konkretes zu bieten in diesem Kapitel. Also würden Sie jetzt freundlicherweise mal aufhören, mich zu unterbrechen und mir das mit meinem Hund erklären?

– Seufz! Na gut, was möchten Sie denn wissen?

– Also, mein Hund weiß zum Beispiel genau, wann wir spazieren gehen. Ich brauche bloß kurz zu erwähnen, dass wir jetzt gleich noch eine Runde drehen, und er gerät völlig aus dem Häuschen. Jetzt erklären Sie mir mal, wieso er das macht, wenn er doch angeblich nicht logisch denken kann und keine Sprache versteht? Das gleiche Spiel, wenn wir in die Ferien fahren: Das merkt er schon Tage vorher und weicht nicht mehr von meiner Seite.

– Aha, verstehe. Wissen Sie, es gibt unzählige Anekdoten rund um ähnliche Fälle, die das Sprachverständnis von Hunden zu beweisen scheinen. Ich bin mir aber sicher, dass Ihr Hund vielmehr subtile Anzeichen in Ihrem Verhalten deutet und daraus ableitet, dass ein Spaziergang oder eine Reise bevorsteht. Ein Hinweis ist zum Beispiel schon die Art, in der Sie sich an ihn wenden und Ihre Absicht kundtun, spazieren zu gehen. Und dann werden Sie vermutlich eine gewisse Regelmäßigkeit einhalten, nicht wahr? Vielleicht gibt es Dinge, die Sie stets kurz vor einem solchen Ereignis tun? Das alles sagt Ihrem Hund, dass es Zeit für einen Spaziergang ist, auch ohne dass er den Sinn Ihrer Worte versteht.

– Na gut, vielleicht versteht er nicht wirklich wörtlich, worüber wir sprechen, also nicht so wie Sie und ich. Aber dass er vieles von dem versteht, was wir sagen, davon bin ich überzeugt. Ich meine, der kapiert zum Beispiel auch, wenn wir uns über ihn unterhalten. Dann guckt er so von unten zu uns hoch, so als wollte er sagen: »Aber diesmal kann ich wirklich nichts dafür.«

– Also ich finde, dein Hund hat ohnehin genug ausgefressen, dass du ihn ruhig auch mal ohne Grund ausschimpfen kannst. Weißt du noch, als er vorm Grillfest damals das komplette Buffet abgeräumt hat? Angefangen von hinter mir genau bis dahin, wo ich ihn hätte sehen können.

– Ja, und du Penner hast nur dauernd WM geglotzt, anstatt aufzupassen, sonst hättest du vielleicht eher was gemerkt.

– Egal, jedenfalls musste er da ganz genau wissen, dass es kurz vor Spielende gegen Italien noch unentschieden stand. Seitdem brauchen wir jedenfalls nur übers Grillen zu reden und der Hund verzieht sich mit betretener Miene. Also wenn der nicht genau weiß, worum es geht …

– Zugegeben, Ihre Beispiele legen auf den ersten Blick nahe, dass Hunde verstehen, was wir sagen. Aber näher betrachtet zeigen solche Geschichten vielmehr, wie geschickt Hunde unser Verhalten wahrnehmen und interpretieren. In letzter Zeit widmet sich übrigens eine ganze Reihe von Verhaltensforschern genau diesen Fähigkeiten: der sozialen Kognition beim Hund.

– Sozial… was?

– Soziale Kognition. Es geht um gegenseitige Wahrnehmung und Informationsaustausch zwischen Mitgliedern eines Sozialverbandes. Sie und Ihr Hund bilden ja eine soziale Gruppe und tauschen Informationen aus, auch wenn Sie sich dessen vielleicht gar nicht immer bewusst sind. Aber am besten zeige ich Ihnen einfach mal an einem Beispiel, wie Forscher so etwas untersuchen. Schauen Sie doch einmal durch das Fenster da vorne. Keine Sorge, die können uns nicht sehen, das ist Spiegelglas.

Ein kleines, gefliestes Zimmer, zwei Plastikbecher, etwas Futter und eine Videoausrüstung – mehr braucht ein Labor zur Hundekognition nicht. Mit diesen Zutaten und ein paar freiwilligen Teilnehmern lassen sich die meisten Fähigkeiten nachweisen, die unser Bild vom Hund in den letzten Jahren revolutioniert haben.

Ein typischer Versuch läuft folgendermaßen ab: Der Besitzer hält seinen Hund fest, ihm gegenüber steht ein Forscher mit einem Stückchen Futter. Der Forscher ruft den Namen des Hundes, zeigt ihm das Futter und versteckt es rasch unter einem von zwei Plastikbechern. Weder Hund noch Besitzer sehen wo. Dann deutet der Forscher mit ausgestrecktem Arm auf den Becher mit dem Futter und nimmt den Arm wieder an den Körper. Jetzt lässt der Besitzer den Hund los.

Was passiert als Nächstes? Richtig, der Hund stürzt sich auf den richtigen Behälter und bekommt zur Belohnung das Futter. Das klingt zunächst mal nicht sonderlich beeindruckend. Aber es gibt außer Menschen und Hunden keine andere uns bekannte Lebensform, die diese Geste des Forschers auf Anhieb deuten könnte. Tiere, die als besonders intelligent gelten, sprich Menschenaffen, Delfine, Graupapageien, sie alle können nach langwierigen Versuchen Ähnliches leisten. Silberfüchse können es nach jahrzehntelanger Auslese gegen Aggressivität ebenfalls, wie wir gesehen haben. Aber Hunde begreifen die Hinweise selbst als Welpen, praktisch ohne jedes Training, sofort.

»Hardwired« nennen Verhaltensforscher diese Fähigkeiten, also »fest verdrahtet«. Das heißt, die Tiere kommen mit den Anlagen dazu zur Welt, sie sind ihnen angeboren. Bei Wölfen ist es zum Beispiel der Jagdinstinkt, der immer nach dem gleichen Muster abläuft: Anstarren, Verfolgen, Jagen, Reißen. Bei kleinen Kindern ist es unter anderem das Sprachenlernen. Sie können jede beliebige Sprache allein durch Zuhören lernen, theoretisch auch solche, die gar nicht existieren. Und bei Hunden ist es das Verständnis von menschlichen Gesten und Ausdrucksformen.

Wie weit das geht, hat eine Vielzahl ähnlicher Versuche wie der oben beschriebene gezeigt: Hunde verstehen solche Gesten auch, wenn der Forscher mit dem rechten Arm vor seinem Körper nach links deutet, wenn er den Arm hinter seinem Körper hält und sogar, wenn er nur in die richtige Richtung blickt. Hunde erkennen außerdem, ob solche Gesten als Hinweis gemeint sind oder nicht. Sie reagieren zum Beispiel nicht auf eine reine Drehung des Kopfes oder einen Blick an die Decke über dem richtigen Behälter. Sie nehmen also die Absicht des Zeigenden wahr, ihnen etwas mitzuteilen.

Das kommt der Intelligenz des Menschen bereits gefährlich nahe. Hunde sind in der Lage, sich so weit in Menschen hineinzuversetzen, dass sie zumindest deren Absichten erkennen können, wenn sie auch nicht explizit über deren Denken nachdenken. Diese Fähigkeit macht sie heute zu einem der beliebtesten Studienobjekte zur Kognition, und das ironischerweise, nachdem man Kognitionsforschung an Hunden jahrzehntelang als unwissenschaftlich abgetan hatte. Hunde seien zu degeneriert, hieß es, zu vermenschlicht, zu sehr an unsere häusliche Umgebung gewöhnt. Doch jetzt zeigt sich, dass gerade die Gemeinsamkeiten mit dem Menschen einen großen Vorteil für solche Untersuchungen bieten.

Seit der Abspaltung von den Menschenaffen hatten Menschen 6 Millionen Jahre Zeit, sich an ihre Nische anzupassen und diese zu der zivilisierten Welt auszuformen, in der wir heute leben. Die Urahnen der ersten Hunde trennten sich von ihren wolfsähnlichen Vorfahren erst vor höchstens 100 000 Jahren. Seit mindestens 14 000 Jahren leben sie eng mit dem Menschen zusammen. Dieser Zeitraum ist ein winziger Augenblick, gemessen an den Maßstäben der Evolution. In dieser kurzen Zeit passten sich Hunde perfekt an unsere menschliche Lebensumwelt an, lernten in unseren Gesichtern zu lesen und unser Verhalten vorherzusagen und spezialisierten sich auf zahlreiche Aufgaben, die wir ihnen übertrugen. Das sicherte ihnen das Überleben an unserer Seite und half uns dabei, unsere eigene Umwelt so tief greifend zu verändern.

Hunde und Menschen haben sich also in ihrer kurzen gemeinsamen Entwicklung radikal aufeinander zu bewegt, ein Mechanismus, den man als konvergente Evolution bezeichnet. Das eröffnet der Forschung zweierlei interessante Ansatzpunkte, die auch für unsere eigene Geschichte wichtig sein könnten: Zum einen können wir Hunde mit ihren nächsten lebenden Verwandten, den Wölfen, vergleichen und hoffen, dabei etwas über unseren eigenen Weg vom Menschenaffen zum modernen Menschen zu erfahren. Zum anderen können wir anhand der nahtlosen Anpassung der Hunde an unsere Lebensweise untersuchen, was diese Lebensweise eigentlich ausmacht und von anderen Sozialverbänden im Tierreich unterscheidet. Sprich, Hunde können uns sowohl etwas über unseren Werdegang mitteilen als auch über unseren derzeitigen Standort. Das ist einer der Gründe, warum die geistigen Fähigkeiten von Hunden in letzter Zeit so sehr ins Zentrum der Kognitionsforschung gerückt sind.

Die erste Fragestellung ist dabei nicht ganz unumstritten, denn manche behaupten, Wölfe und Hunde seien im Prinzip dieselbe Spezies, zumal sie sich auch miteinander paaren und fortpflanzen können. Unterschiede zwischen Wolf und Hund seien eher gradueller als prinzipieller Natur. Hunde seien so erlesene Menschenversteher, weil sie von Welpenbeinen an mit ihren menschenverstehenden Müttern und den Menschen selbst zusammenlebten. So könnten sie all das lernen, was Wölfen fehlt. Aber im Prinzip wäre das auch Wölfen beizubringen.

Dem hält die andere Seite dann gerne entgegen, man möge doch bitte nur mal versuchen, einen Wolf bei sich zu Hause zu halten. Selbst hartnäckige Naturverherrlicher geben das in der Regel nach kurzer Zeit auf, denn ausgewachsene Wölfe sind auch bei frühester Handaufzucht etwa so harmlos wie ein schlecht sozialisierter Kampfhund, der seit drei Tagen nur Brokkoli frisst. Die deutlichsten Belege dafür, dass Hunde und Wölfe sich tatsächlich grundlegend unterscheiden, lieferte eine Studie, an der auch Kaspar und sein Rudel aus Kapitel 2 beteiligt waren. Dabei testete man Hunde und Wölfe, die unter den exakt gleichen Bedingungen aufgezogen und gehalten wurden, mit den oben beschriebenen Zeigegesten.

Mit acht Wochen waren Hunde- und Wolfswelpen gleich gut im Erkennen der Gesten, ebenso mit vier Jahren. Gibt es also doch keinen Unterschied im Lernvermögen zwischen Hund und Wolf? Die Entscheidung brachte der Test an vier Monate alten Welpen. Hier waren Wölfe den Hunden hoffnungslos unterlegen. Das Ergebnis interpretieren die Forscher so: Als kleine Welpen sind Hunde und Wölfe noch gleichauf, doch dann nehmen Hunde einen anderen Weg der Entwicklung. Sie bevorzugen die Gegenwart von Menschen, interessieren sich für deren Körpersprache und versuchen, ihr Verhalten zu entschlüsseln. Wölfe spulen mit vier Monaten ein ganz anderes Entwicklungsprogramm ab. Sie sind viel weniger auf den Menschen bezogen, auch wenn sie später durch steten Kontakt mit uns lernen können, unsere Gesten zu verstehen.

Was Hunde also zu so hervorragenden Sozialpartnern macht, ist ihr angeborenes Interesse am Menschen. Der moderne Haushund verbringt nicht nur einen Großteil seiner Jugend damit, seine zweibeinigen Sozialpartner zu studieren, er füllt damit auch später einen großen Teil seines Tagesablaufs. Er verfolgt jede unserer Handlungen, registriert die kleinste Stimmungsschwankung, beobachtet unseren Blick und das, was wir damit in Augenschein nehmen. Aus all diesen Informationen schöpft der Hund, wenn er scheinbar jedes unserer Worte versteht und unsere Absichten vorausahnt.

Der glücklichste Hund ist daher auch derjenige, der im regen Kontakt mit seinem Menschenrudel steht, sei es als Familienmitglied, als Arbeitshund oder als steter Begleiter. Weniger erfreulich ist ein Dösen in der Warteschleife, bis Herrchen oder Frauchen endlich von der Arbeit kommt. Und völlig inakzeptabel ist folglich auch eine reine Zwingerhaltung mit minimalem Menschenkontakt.

Das ist nicht nur für den Hund unerträglich, sondern insbesondere schade, weil wir so viel Potenzial brachliegen lassen, das wir zu unserem Besten und dem des Hundes nutzen könnten. Gerade weil er uns so genau beobachtet, gibt er uns das Gefühl, etwas Besonderes zu sein, beruhigt er uns durch seine Gegenwart und hilft uns, Krisen zu meistern. Was sind schon ein paar zerfressene Pantoffeln gegen die Freundschaft eines Hundes, gegen einen Blick aus seinen Augen, der uns zeigt, dass er uns versteht wie kein anderer?

Und er versteht uns tatsächlich wie kein anderer, wenn auch vielleicht nicht in dem Sinn, wie wir uns das naiverweise so vorstellen. Das Verständnis, das uns unser Hund entgegenbringt, kann niemals so sein wie das eines Mitmenschen. Dazu fehlt ihm wie gesagt die Möglichkeit, sich in unser Denken hineinzuversetzen, das Mitgefühl, die intellektuelle Auseinandersetzung. Der Hund durchschaut uns, so nüchtern das klingen mag, weil es zu seinem Überleben notwendig ist. Wir sind seine Nahrungsquelle, sein Allzweckwerkzeug, sein Haustier. Das ist der Grund für so viel ungeteilte Aufmerksamkeit, und das ist auch der Grund, warum Hunde überhaupt erst den riskanten Weg der Koevolution mit dem Menschen beschritten haben. Ein voller Napf bestätigt dem Hund jeden Tag aufs Neue, dass er diese seine Aufgabe des Menschenverstehers gut gemeistert hat.

Dabei ist jedoch nichts im Spiel, was dem Begreifen nahekäme, wie es Menschen zu eigen ist. Wie wir bereits gesehen haben, erkennen Hunde Korrelationen, keine Ursachen. Sie achten minutiös auf Ereignisse, die gleichzeitig geschehen, die sich regelmäßig wiederholen, die miteinander in Beziehung stehen. Die Art der Beziehung ist Hunden dabei egal. Ob wir vor dem Spaziergang den Schlüsselbund deshalb in die Hand nehmen, weil es eine unserer verrückten Angewohnheiten ist, oder deshalb, weil wir uns sonst aussperren würden – Hunde merken sich einfach, dass wir es tun, und denken nicht lange über das Warum nach.

Mit dieser Strategie schaffen sie es, auf die ihnen typische, bei oberflächlicher Betrachtung höchst intelligent anmutende Weise durch den Alltag zu navigieren. Sie achten auf jeden noch so winzigen Hinweis, beziehen ihre überlegenen Riech- und Hörfähigkeiten ein und überraschen uns dann mit einem Verhalten, das mitunter sogar klüger erscheint als unser eigenes. Nachdem wir ein paar Stunden am Schreibtisch verbracht haben, genügt ein Seufzen, ein Strecken, ein wandernder Blick unsererseits, und unser Hund weiß, dass seine

Chance auf einen Spaziergang gekommen ist. Er steht auf, stupst uns an, und siehe da, wir merken plötzlich selbst, dass es Zeit wäre, eine Runde zu drehen und das Gehirn durchzulüften.

Dahinter steckt wohlgemerkt kein Handeln zu unserem Vorteil, kein besseres Wissen, keine Fürsorge, wie wir es ihm in der Situation vielleicht unterstellen mögen. Unser Hund denkt nicht etwa: Jetzt reichts, der muss mal an die frische Luft. Er hat vielmehr gelernt, auf subtile Anzeichen zu achten, die ihm die Erfüllung seiner Bedürfnisse verheißen. Was dabei jedoch ganz sicher im Spiel ist, ist ein Gespür für unsere Aufmerksamkeit. Hunde merken an unserem Verhalten, worauf wir jeweils unser Bewusstsein lenken. Schweift es von einer konzentrierten Arbeit ab, dann merkt der Hund das, zumindest dann, wenn es bisher für ihn von Bedeutung war. Natürlich gibt es Hunde, die diese Feinheiten nicht beachten und uns einfach nach Lust und Laune nerven. Aber dabei handelt es sich in der Regel nicht um ein Defizit im Gespür des Hundes, sondern eher im Gespür des Menschen für die richtige Rollenverteilung, wie wir noch sehen werden.

Das Interesse unserer Hunde an uns hat einen guten Grund: In unserer gemeinsamen Geschichte war es nicht nur vorteilhaft für den Hund, unser Verhalten einschätzen zu können, sondern auch, eigene Verhaltensregeln daraus abzuleiten, sprich: uns als Vorbild und Lehrer zu nutzen. Dies ist so ausgeprägt, dass sich Hunde davon sogar in die Irre leiten lassen. Das zeigte erst vor Kurzem eine Variante des sogenannten Objekt-Permanenz-Tests. Dabei hielt die Versuchsleiterin dem Hund ein Spielzeug vor die Nase und versteckte es an einem Ort A – mit der deutlichen Aufforderung, gut aufzupassen. Der Hund suchte das Spielzeug wie zu erwarten am richtigen Ort, wurde gelobt und das Ganze wiederholte sich. Der Trick bestand nun darin, dass der Hund mehrmals hintereinander sah, wie das Spielzeug am Ort A verschwand. Im eigentlichen Versuch hingegen legte es die Versuchsleiterin am Ort B ab, vor den Augen des Hundes. Wo würde der Hund nun danach suchen?

Dazu muss man wissen, dass der gleiche Versuch bei Kindern zu dem überraschenden Ergebnis führt, dass sie, obwohl sie deutlich sehen, wie das Spielzeug an Ort B verschwindet, am Ort A danach suchen. Kinder lassen sich offenbar durch den Hinweis, gut aufzupassen, dazu anregen, eine Art Regel abzuleiten, und vertrauen nach einigen Wiederholungen an Ort A der Versuchsleiterin und der von ihr aufgestellten Regel sogar mehr als ihren eigenen Augen. Wölfe hingegen, egal wie gut sie sozialisiert sind, verlassen sich stets auf ihre Augen. Sie finden das Spielzeug zuverlässig an Ort B, egal wie oft der Mensch ihnen vorher den Ort A als Standard schmackhaft zu machen versuchte.

Hunde verhalten sich in diesem Test, man ahnte es bereits, wie Kleinkinder und nicht wie Wölfe. Sie sind wie Kinder empfänglich für sogenannte pädagogische Hinweise, also soziale Signale, die sie in eine Art Lernmodus versetzen. In diesem Zustand verarbeiten sie Hinweise und Verhalten ihres Menschen zu Regeln, die sie dann in ähnlichen Situationen abrufen können. Wie wichtig das für die Hundeerziehung sein kann, werden wir später noch sehen.

Allerdings zeigte sich bei einer Variante des Versuchs auch ein wichtiger Unterschied zu Kindern. Dazu wiederholte die Versuchsleiterin wie bisher das Versteckspiel mehrmals an Ort A. Doch nun übernahm eine fremde Person das Spiel und verbarg das Spielzeug an Ort B. Kinder halten sich in diesem Fall dennoch an die soeben gelernte Regel »Gehe zu Ort A!«, Hunde hingegen verlassen sich nun wieder auf ihre Augen. Sie zeigen das pädagogische Lernen also nur kontextbezogen, während Kinder das Gelernte offenbar generalisieren und als Abstraktion in ihre Kultur integrieren, eine geistige Ebene, die Hunden fehlt, wie wir gesehen haben.

In verschiedenen Laborversuchen hat sich außerdem bestätigt, wie kunstfertig Hunde unsere Aufmerksamkeit und unser Wissen einschätzen können. Versteckt man Futter vor einem Hund, während eine Person dabei zusieht und eine andere vorübergehend im Nebenraum wartet, dann bettelt der Hund anschließend bevorzugt die wissende Person an. Er weiß also über unser Wissen Bescheid, eine Fähigkeit, die Hunde nur mit Menschenaffen teilen. Und sie übertreffen diese sogar noch: Bleiben beide Personen im Raum, hat aber eine beim Verstecken des Futters die Augen verbunden, dann betteln Hunde nach wie vor die wissende Person an. Schimpansen hingegen wenden sich an beide gleich häufig.

Hunde wissen diese Fähigkeiten geschickt zu ihrem Vorteil zu nutzen: Setzt man sie beispielsweise neben verbotenes Futter, dann respektieren sie dieses Verbot am längsten, wenn der Besitzer sie sehen kann und auf sie achtet. Geht er aus dem Raum, warten sie wesentlich weniger lang, bevor sie sich den Leckerbissen holen. Besonders erstaunlich ist, dass die Hunde fast ebenso schnell ungehorsam werden, wenn der Besitzer im Raum bleibt, aber ein Gespräch beginnt oder anderweitig abgelenkt ist. Sie wissen also ganz genau, wann sie unserer Aufmerksamkeit entgehen können.

– Sehen Sie, Hunde erkennen, ob und wo wir hinsehen. Das dürfte der Grund sein, warum Ihr Hund sich in Ihrem toten Blickwinkel über das Grillgut hergemacht hat, und nicht etwa sein Fußballverständnis.

– Naja, da haben Sie vielleicht recht. Aber wieso verzieht er sich schuldbewusst, sobald wir das Thema Grillen anschneiden? Ich meine, inzwischen ist das etwas abgeebbt, aber direkt nach seinem Raubzug, da musste ich nur ans Grillen denken, und schon kniff er den Schwanz ein. Für mich ist das eindeutig Gedankenübertragung.

– Mann, waren wir damals sauer. Wir mussten uns Pizzas bestellen, und der Hund konnte kaum noch atmen, so vollgefressen war der. Aber seitdem mussten wir ihn echt nur ansehen, und schon packte ihn das schlechte Gewissen.

– Also, zum Thema schlechtes Gewissen kann ich Ihnen sagen, dass bei Hunden so etwas nicht existiert. Das haben Versuche ganz klar gezeigt, das will ich Ihnen gleich noch genauer erklären. Aber das, was Sie Gedankenübertragung nennen, zeigt einfach nur, wie gut Hunde unsere Stimmungen erfassen. Denen reicht ein Blick von Ihnen und sie wissen, woran sie sind. Deshalb sind sie ja auch so beliebte Haustiere. Aber mit Gedankenlesen hat das nichts zu tun, eher mit einer feinen Nase, gutem Beobachtungsvermögen und einem leidenschaftlichen Interesse für uns und unsere Stimmungen.

– Sie meinen also, egal wie sehr ich mich zu verstellen versuche, mein Hund durchschaut mich ohnehin?

– Es dürfte Ihnen ziemlich schwerfallen, Ihren Hund über Ihr Innenleben zu täuschen. Sie sollten dabei nicht vergessen, dass er auch Veränderungen in Ihrem Geruch wahrnehmen kann, die Ihnen völlig unbewusst sind. Ärger, Freude, Leid, all diese Gemütsregungen führen in Ihrem Körper zu hormonalen Schwankungen, die Ihr Hund riechen kann. Wenn Sie zum Beispiel jemanden unsympathisch oder bedrohlich finden, merkt Ihr Hund das und reagiert entsprechend.

– Ich glaube eher, dass das genau umgekehrt funktioniert: Mein Hund verfügt über ein feines Gespür für Menschen, wie Sie ja vorhin erklärt haben, und ich achte eben auch auf sein Urteil. Wenn ich jemand Unbekannten auf der Straße treffe, dann merke ich sofort, ob mein Hund den sympathisch findet oder nicht. Und manchmal lerne ich die Person dann kennen und stelle fest: »Hoppla, der Hund hatte wieder mal recht.«

– Nun ja, in gewissem Sinn haben Sie da vielleicht nicht ganz unrecht. Bei neuen Begegnungen spielt sich ja bei uns vieles im Unterbewusstsein ab, innerhalb der ersten Sekunden. Bei Hunden geht das möglicherweise noch schneller. Und dann beeinflussen Sie und Ihr Hund sich eben gegenseitig und bilden sich dabei ein spontanes Urteil. Das zeigt aber wieder einmal, wie eng verbunden Hund und Halter mental oft sind, wie sehr die sich manchmal aneinander angleichen. Fröhliche, offene Menschen haben oft ganz aufgeweckte Hunde, die schwanzwedelnd angelaufen kommen, während grüblerische Melancholiker meistens einen eher introvertierten Hund dabeihaben, der sich alles zunächst einmal misstrauisch ansieht.

– Da treffen Sie zur Abwechslung den Nagel auf den Kopf. Genau so haben wir das auch schon erlebt, was meinst du?

– Ja, du hast recht, da ist was dran. Die Frage ist nur, woher wissen die Leute schon am Anfang, wenn sie sich einen Hund zulegen, was für ein Gemüt am besten zu ihnen passt? Also, ich glaube ja, dass sich die Hunde in Wirklichkeit uns aussuchen. Wir kommen rein, zum Züchter oder ins Tierheim, und die merken sofort, hey, das ist das richtige Herrchen für mich. Und dann sorgen sie dafür, dass wir sie mitnehmen.

– Nein, nein, halt, jetzt muss ich Sie aber bremsen. Ich bin ganz Ihrer Meinung, dass da oft eine starke Verbindung zwischen Menschen und ihren Hunden besteht. Aber wenn die beiden sich vom Wesen her angleichen, dann geschieht das wohl eher aufgrund der Anpassungsfähigkeit des Hundes. Der beobachtet uns ja ständig dabei, wie wir uns verhalten, wie wir in Krisensituationen reagieren, wie wir anderen Menschen gegenüber auftreten. Und damit wird der Mensch zum Vorbild, an dem der Hund sein eigenes Verhalten orientiert.

– Sie meinen, unsere Hunde ahmen uns nach?

– Nicht nur das, sie kommunizieren mit uns, sie imitieren uns und sie manipulieren uns sogar. Dazu gibt es übrigens auch einige interessante Versuche.

Hunde verstehen uns wie kein zweites Tier. Aber das ist noch lange nicht alles. Sie machen sich auch verständlich. Kein anderes Haustier hat so effektive Möglichkeiten entwickelt, mit uns zu kommunizieren, wie der Hund. Hundebellen ist eines der ersten Tiergeräusche, die

Kinder auf Nachfragen von sich geben, meist lange bevor sie sprechen lernen. Dabei ist Gebell nicht gleich Gebell. Wenn spielende Hunde freudig Laut geben, klingt das anders als ein ernstes Gerangel. Einsame Hunde bellen anders als solche, die einen Fremden vom Gartenzaun vertreiben wollen.

Spielt man Aufnahmen dieser verschiedenen Formen von Gebell Menschen vor, dann sind sie in der Lage, die jeweilige Situation der Aufnahme richtig zu deuten, und das sogar, wenn sie selbst noch nie einen Hund hatten. Gebell ist sogar so stereotyp, dass ein Computerprogramm lernen kann, es richtig einzuordnen. Dazu kommen zahlreiche andere Laute, wie Winseln, Jaulen, Heulen, Schnauben, Knurren oder Grunzen. Hunde haben die Fähigkeit entwickelt, uns mit differenzierten Lautäußerungen etwas mitzuteilen. Und sie nutzen diese Möglichkeiten weidlich aus, in Kombination mit Körpersprache und Berührungen, wie Versuche ebenso zeigen wie die tägliche Erfahrung jedes Hundehalters.

Eine Variante des eingangs erwähnten Versteckspiels bringt das ganze Kommunikationspotenzial des Hundes zum Vorschein. Dazu versteckt man Futter oder ein Spielzeug für den Hund sichtbar, aber unerreichbar, während sein Besitzer nicht im Raum ist. Nach dessen Rückkehr versucht der Hund dann meist mit allen Tricks, diesen auf das Versteck aufmerksam zu machen. Blicke vom Versteck zum Menschen und zurück, Bellen und Winseln, Hin- und Herlaufen zwischen Mensch und Versteck, Kratzen, Anstupsen mit der Nase, Heben der Pfote – das Repertoire sollte eigentlich genügen, auch ohne dass noch Ziehen am Ärmel oder Schieben mit der Nase hinzukommen müssten.

Aber erstaunlicherweise scheinen viele Hundehalter unempfänglich zu sein für die Signale, die ihre Hunde aussenden. Wenn sie etwas von uns wollen, dann kompensieren Hunde das einfach, indem sie zunehmend energischer in ihren Hinweisen werden. Wenn wir ihr Fiepen ignorieren, folgt ein sanftes Wuff, dann vielleicht ein lang gezogenes Heulen und schließlich, wenn sie eingesehen haben, dass wohl irgendetwas mit unseren Ohren nicht ganz funktioniert, ein kleiner Rempler oder ein Hochspringen.

Aber in vielen Situationen machen sich Hunde diese Mühe gar nicht und wundern sich höchstens, wenn wir ihre oft recht deutlichen Signale mangels Verständnis oder Interesse nicht entziffern können. Wenn unser Hund stocksteif auf den Rüden zustakst, der uns entgegenkommt, dann zeigt er eigentlich recht deutlich, dass er die Begegnung als potenziell konfliktbehaftet empfindet. Aber falls wir erst merken, was los ist, wenn sich die beiden in der Wolle haben, dann kann unser Hund so viele Signale senden, wie er will. Anstatt uns über den plötzlichen Wutausbruch zu wundern, sollten wir beim nächsten Mal lieber auf seine Körpersprache achten, die Situation in die Hand nehmen und die Krise souverän umschiffen.

Indem wir die Sprache lernen, in der Hunde mit uns kommunizieren, können wir nicht nur ihre Stimmungen und ihr Verhalten besser einschätzen, sondern merken auch, wenn sie uns ganz schamlos manipulieren. Das kommt öfter vor, als wir denken, und geht so weit, dass Hunde Ausdrucksformen menschlicher Gefühle nachahmen. Jeder kennt beispielsweise den schuldigen Blick, mit dem Hunde sich vermeintlich anmerken lassen, wenn sie etwas Verbotenes getan haben.

Sie schleichen mit angelegten Ohren und eingeklemmtem Schwanz umher, sehen flehend von unten zu uns herauf und geben ganz allgemein ein herzerweichendes Bild des Jammers ab.

Vieles spricht dafür, dass Hunde sich so überhaupt erst den Zugang zu unseren Herzen erobert haben. Denn mit ihrem flehenden Blick, ihrem unterwürfigen Zusammenkauern, ihrem demutsvoll gesenkten Kopf beschwichtigen sie bei Konflikten nicht nur ihre Artgenossen, sondern rufen auch im Menschen eine starke emotionale Reaktion hervor. Wir empfinden sofort Mitleid und müssten schon sehr ungehalten sein, um uns davon nicht milder stimmen zu lassen. Das funktioniert deshalb so gut, weil wir uns geistig ganz automatisch in den Hund hineinversetzen. Der Mensch neigt zum Anthropomorphisieren. Das heißt, wir unterstellen dem Hund die gleichen Gefühle, die wir in der Situation selbst empfinden und mit einer ähnlichen Körperhaltung ausdrücken würden: Schuld, Reue, Scham.

Die Demutshaltung hat für den Hund eine wichtige Funktion im Zusammenleben mit dem Menschen. Er versucht damit unseren Ärger zu dämpfen und sich vor einer Bestrafung zu retten. Das bedeutet aber nicht notwendigerweise, dass dabei tatsächlich so etwas Abstraktes wie Schuldbewusstsein oder Reue mit im Spiel ist. Um das herauszufinden, unterzog eine Verhaltensforscherin Hunde und deren Besitzer einem kleinen Test: Die Besitzer sollten ihren Hunden wieder einmal verbieten, ein Stückchen Futter zu fressen. Dann gingen sie aus dem Raum. Kurz vor ihrer Rückkehr erstattete ihnen die Versuchsleiterin Bericht über das Verhalten ihres Hundes.

Hieß es, der Hund habe das Futter trotz Verbotes gefressen, fanden die Besitzer das anschließend regelmäßig durch dessen schuldbewusste Miene bestätigt. War der Hund hingegen folgsam gewesen und das Futter noch an seinem Platz, erschien er erhobenen Hauptes und ließ sich loben. Was die Besitzer jedoch nicht wussten: In manchen Fällen hatte der Versuchsleiter das Futter entfernt, bevor der Hund es fressen konnte, in anderen hatte er es ersetzt, obwohl es der Hund geklaut hatte. Das heißt, manche Hunde waren in Wirklichkeit unschuldig, aber sie taten so, als seien sie die Übeltäter gewesen. Bei anderen war es genau umgekehrt. Die Hunde verhielten sich also so, wie es dem Wissensstand der Besitzer entsprach, und nicht etwa danach, was sie wirklich getan hatten.

Der schuldbewusste Blick ist also eine Mär, ein Anthropomorphismus erster Güte, bei dem wir menschliches Verhalten und Werte unreflektiert auf den Hund übertragen. Sein Verhalten hat nicht unbedingt etwas damit zu tun, dass der Hund tatsächlich etwas angestellt hat, und schon gar nicht damit, dass ihn womöglich Schuld oder Gewissensbisse plagen. Der Hund stützt sich vielmehr auf seine scharfe Beobachtungsgabe, erkennt unsere drohende Stimmung und versucht, unseren Zorn durch Unterwerfungsgesten zu beschwichtigen. Mitunter erkennt er auch anhand der Situation, dass gleich ein Donnerwetter folgen könnte, etwa weil er einen feuchten Fleck auf dem Teppich sieht, und sich jemand mit dem Putzeimer nähert. Vielleicht hat er diese Konstellation bereits mehrmals erlebt und die typische weitere Entwicklung der Situation im Gedächtnis gespeichert. Dann kann es vorkommen, dass sich ein unbeteiligter Hund schuldbewusst verdrückt, obwohl sein Besitzer gar keine Absicht hat, ihn zu tadeln, weil er zufällig beobachtet hat, wie ein anderes Haustier das Malheur verursacht hat.

Eben weil Hunde genau auf unsere Stimmungen und Reaktionen achten, fügen sie sich so nahtlos in unseren Sozialverband ein. Sie können unser Verhalten nicht nur vorhersagen, sondern auch nachahmen. Sie orientieren sich an unserem Vorbild in ungewohnten Situationen und lehnen ihr eigenes Verhaltensrepertoire an das unsere an. Manche Hunde können sogar lernen, auf Befehl unsere Körperbewegungen zu imitieren. Dreht sich die Trainerin vor dem Hund beispielsweise einmal um ihre eigene Achse und gibt ihm dann den Befehl »Nachmachen!«, dann dreht sich der Hund ebenfalls einmal um sich selbst. Legt sie eine Hand auf einen Ball, tut der Hund das mit der Vorderpfote, und zwar auf den gleichen Befehl hin.

Dazu müssen Hunde eine innere Repräsentation von Menschen und ihren Gliedmaßen bilden und mit ihrem eigenen Körpergefühl abgleichen können, ein Umstand, den sich manche Hundefreunde beim Dog Dancing zunutze machen. Weitere Versuche haben außerdem gezeigt, dass Hunde auch von unseren Gesichtern interne Repräsentationen bilden. Sie erkennen beispielsweise, ob eine Stimme vom Band dem Bild eines männlichen oder weiblichen Gesichts entspricht – eine frappierende Leistung, wenn man sich überlegt, wie wenig sich weibliche und männliche Gesichter und Stimmen oft unterscheiden.

Diese Fähigkeit zur Imitation half Hunden vielleicht sogar dabei, die jeweils passende Miene zu machen, um uns durch ihr komisches, reumütiges oder lachendes Gesicht zum Schmunzeln zu bringen. Andere Ausdrucksformen dürften auf ähnliche Weise entstanden sein. Man denke nur an das tröstende Stupsen, das eifersüchtige Dazwischendrängeln, das loyale Aufblicken. Möglicherweise entzaubern weitere Versuche im Hundelabor bald Mitleid, Eifersucht und Loyalität auf ähnliche Weise als Gefühlsattrappe. Wenn wir uns durch die Verhaltensmaskerade von Hunden tatsächlich so einfach manipulieren lassen, wäre es wohl angebracht, unser Selbstverständnis als schlaueste Wesen auf dem Planeten noch einmal zu überdenken.

Wobei man sich natürlich inzwischen weitgehend darüber einig ist, dass Hunde grundsätzlich Gefühle haben. Schmerz, Freude, Furcht, Wut, Neugierde, Lust, das alles können Hunde ebenso empfinden wie viele andere Tiere. Doch wenn ein Gefühl voraussetzt, dass wir uns über das Denken anderer bewusst werden, dann hat es ziemlich sicher keine Entsprechung im Innenleben von Hunden. Scham zu empfinden bedeutet, dass wir uns darüber im Klaren sind, dass sich andere eine Meinung über uns bilden. Hunde erkennen zwar, wenn wir sie beobachten, doch sie machen sich nicht viel aus unserer Meinung. Sie wissen nicht einmal, dass wir eine Meinung über sie haben. Natürlich wetteifern sie um unsere Aufmerksamkeit, unsere Zuneigung, den Platz an unserer Seite, und zwar nicht zuletzt, weil das ihr tägliches Überleben sichert. Aber das hat nichts mit dem Abschätzen unserer Meinung zu tun, mit der Vorstellung, dass wir gut oder schlecht oder überhaupt über sie nachdenken könnten.

Doch genau das fällt vielen Hundehaltern am schwersten: Einzugestehen, dass ihr Hund eben kein unreifer Mensch ist, dem durch Erziehung so etwas wie Moral beigebracht werden könnte, der lernen könnte, was im ethischen Sinn richtig oder falsch ist. Richtig oder falsch hat für den Hund nur im aktuellen Kontext einen Sinn. Was sein Wohlbefinden, seine Sicherheit, seine Instinkte befriedigt, das ist für ihn richtig, allerdings nur, wenn es in einem akzeptablen Verhältnis zu den Kosten steht. Andernfalls ist es falsch. Das gilt für jede nur erdenkliche Missetat: Wenn der Hund riskiert, dass er dafür mit der Zeitung eins übergebraten bekommt, dann lässt er es besser sein. Das heißt aber nicht, dass er es nicht irgendwann nachholt, wenn die Luft rein ist.

Das ist auch der Grund, warum Erziehung durch Strafe viel schlechter funktioniert als durch positive Verstärkung. Damit wir unserem Hund durch Strafe etwas dauerhaft austreiben können, müssen wir dreierlei beachten. Erstens muss die Strafe praktisch gleichzeitig mit dem unerwünschten Verhalten erfolgen, denn sonst gelingt es dem Hund nicht, den Zusammenhang der beiden Ereignisse zu verstehen. Zweitens sollte die Strafe möglichst anonym erfolgen, damit der Hund das, was er getan hat, mit den für ihn unangenehmen Folgen verknüpft und nicht etwa die Gegenwart des Bestrafenden. Und schließlich sollte die Strafe auf keinen Fall anfangs milde ausfallen und sich dann steigern. Das Ereignis sollte hinreichend unangenehm sein, denn ansonsten wird sich der Hund daran gewöhnen und immer schwerere Folgen in Kauf nehmen.

Dass es nicht einfach ist, immer auf alle drei Punkte zu achten, liegt auf der Hand. Positive Verstärkung ist da wesentlich einfacher zu handhaben. Anstatt Stubenunreinheit, Weglaufen oder Hochspringen zu bestrafen, belohnt man einfach das Geschäft am richtigen Platz, das

Dableiben, das Sitzen als Begrüßungsritual. Zahlreiche Ratgeber zur Hundeerziehung erklären das im Detail und zeigen, wie sich Belohnung schon im frühesten Welpenalter sinnvoll nutzen lässt.

– Aha, das ist ja interessant. Gerade jetzt, wo es endlich spannend wird, sollen wir uns ein anderes Buch besorgen. Hundeerziehung ist doch ein spannendes Thema, könnten Sie da nicht noch ein paar Details dazu verraten?

    – Nun, ich bin eigentlich kein Hundetrainer. Ich wollte das bestenfalls im übernächsten Kapitel noch kurz anschneiden. Aber da ich sehe, wie sehr Sie bereits mit der Materie vertraut sind, dachte ich, vielleicht möchten Sie lieber mit einem meiner Kollegen ...

    – Von wegen, Sie haben ja noch nicht einmal all unsere Fragen beantwortet!

    – Genau. Dauernd heißt es, die Hunde verstehen nicht, wovon wir sprechen, was wir wollen, was wir denken. Dann wieder verstehen sie sogar, wer von uns weiß, wo das Futter versteckt ist. Jetzt können sie uns angeblich sogar manipulieren. Also, ich finde, Sie eiern da ganz schön rum.

    – Eben. Ich wette, Sie haben nicht mal von den übersinnlichen Fähigkeiten der Hunde gehört?

    – Sie meinen die Geschichten von Hunden, die wissen, wo ihre Besitzer gerade sind? Die Erdbeben, Dammbrüche und einstürzende Häuser erahnen?

    – Nicht nur das. Du hast doch neulich was dazu gelesen, wie ging die Geschichte gleich?

– Also, da war ein Hund so auf sein Herrchen fixiert, dass er genau wusste, wann der von der Arbeit losfährt, um nach Hause zu kommen. Und der machte das völlig unregelmäßig. Mal kam er zum Mittagessen nach Hause, mal aß er im Büro, mal machte er Überstunden oder noch einen späten Kundenbesuch. Aber der Hund saß am Gartentor und empfing ihn, ganz egal wann. Kaum nahte Herrchen, tobte er rum, bis Frauchen ihn endlich rausließ. Und die konnte dann auch getrost die Nudeln ins Wasser werfen, denn nach höchstens fünf Minuten kam er um die Ecke.

– So, und jetzt erklären Sie uns das mal. Oder die vielen Menschen, die sich vor Katastrophen retten konnten, weil Hunde sie rechtzeitig gewarnt hatten. Da gibt es alle möglichen Geschichten. Manche Hunde haben sogar über weite Entfernungen gespürt, dass da etwas nicht stimmte, und Alarm geschlagen.

– Na, was sagen Sie jetzt?

– Ich bin beeindruckt. Aber ich muss sagen, dass keiner dieser angeblichen Fälle von übersinnlicher Wahrnehmung, die ich kenne, bisher einer wissenschaftlichen Überprüfung standgehalten hat. Entweder zeigten die Hunde mehrmals am Tag das entsprechende Verhalten, zum Beispiel am Zaun auf ihren Besitzer zu warten, und die Menschen haben es nur dann registriert, wenn es auch zutraf. Oder es gab eine physikalische Erklärung, etwa feinste Geräusche oder Bodenbewegungen vor größeren Katastrophen.

– Mann, Sie können einem aber auch jeden Spaß verderben.

– Erzähl ihm doch mal von Omas Hund.

– Ja, genau. Also, das hier können wir Ihnen aus erster Hand bestätigen, das haben wir selbst erlebt. Der Hund von unserer Oma ist ganz sicher übersinnlich begabt, so viel steht fest. Das können nicht mal Sie anders erklären, wollen wir wetten?

– Jetzt bin ich aber gespannt.

– Also, passen Sie auf. Oma lässt ihn mehrmals am Tag raus in den Garten, immer zu unterschiedlichen Zeiten. Mal bleibt er eine Stunde draußen, auch länger, manchmal will er nach zehn Minuten wieder rein, ganz verschieden. Ist das so weit klar?

– Aber ja doch. Und weiter?

– So, jetzt kommt's. Egal, wie lange er draußen war, er kratzt nie an der Tür oder so was. Irgendwann hat Oma so ein Gefühl, dass er rein will, geht zur Hintertür und schaut raus. Und ob Sie es glauben oder nicht, der sitzt jedes Mal schon da und wartet. Jetzt sagen Sie mal, wie der das macht. Also, ich bin überzeugt, der steuert Oma telepathisch, das ist doch sonnenklar.

– Unglaublich. Ich bin völlig platt. Hat er Ihre Oma neulich vielleicht sogar telepathisch veranlasst, bei der Zeitung anzurufen? War der das, kann das sein?

– Bei der Zeitung?

– Da behauptete nämlich jemand am Telefon: »Mein Hund kann lesen.« Und die Redakteurin fragte: »Tatsächlich? Woran merken Sie das denn?« Daraufhin meinte die Anruferin: »Na, er kann die Zeitung von heute von der vom Vortag unterscheiden.« – »Na und?«, sagte die Redakteurin, »das ist doch nicht schwer. Das könnte ich meinem auch beibringen.« Und die Frau antwortete: »Ja, aber meiner kann es sogar, wenn ich das Datum abdecke. Nur an den Überschriften merkt der das.«

– Hörst du das?

– Hihi, köstlich oder? Verstehen Sie? Nur an den Überschriften. Haha ...

– Du, ich glaube, der nimmt uns auf den Arm.

– Ja, so langsam denke ich das auch.

– Aber ich bitte Sie, meine Herren, Sie werden einen kleinen Scherz doch nicht missverstehen, ich versichere Ihnen ...

– Wir fragen ihn ganz höflich was, und er macht sich über Oma lustig. Wie findest du denn das?

– Bei Oma hört der Spaß auf. Ich finde, er hat sich einen kleinen Denkzettel verdient, oder?

– Äh, meine Herren? Sie sollten das wirklich nicht ... He, nehmen Sie ihre Hände da weg. Halt, ich erkläre Ihnen das ja ...

– Hoppla.

– Mist, wo ist er denn hin?

– Mann, ich hatte ihn doch schon am Ärmel. Warum hast du denn nicht gleich ...

– Wollte ich ja, aber diese Autoren winden sich wie Aale. Weißt du noch letztens, der mit dem Deutschlandbuch.

– Der behauptet hat, dein Hundefriseur sei schwul?

– Genau der. Wir wollten ihm gerade die Möbel zurechtrücken und schwupp, weg war er. Aber diesen Autor hier lassen wir uns nicht entwischen. Er muss hier noch irgendwo sein.

– Pass auf, wenn wir den kriegen ...

Kapitel 6:
Being Jack Russell

– Sind sie weg?

– Ja doch, Sie können da ruhig wieder rauskommen.

– Ganz sicher? Wo waren Sie überhaupt die ganze Zeit?

– Na, da draußen, in meinem Lesesessel. Haben Sie sich gut unterhalten mit den beiden? Ich fand's übrigens sehr interessant, besonders als Sie das mit dem Zeitunglesen erklärt haben.

– Ach ja? Dann passen Sie mal auf, was ich Ihnen jetzt erkläre. Wissen Sie, Ihre beiden Cousins hätten mich vorhin beinahe vermöbelt. Und das in meinem eigenen Buch.

– Na ja, die beiden sind eigentlich ganz umgänglich. Nur mit Oma verstehen sie keinen Spaß, da werden sie manchmal ein bisschen ruppig.

– Und dann haben Sie das Buch einfach weiterverliehen. Ich meine, ein-, zweimal lasse ich mir das ja gefallen. Aber wenn das jetzt in Ihrer Verwandtschaft die Runde macht, dann kommen die alle hier reingeschneit und halten den Betrieb auf. Wissen Sie eigentlich, wie viel Zeit für so ein Buch draufgeht? Ich finde, da könnten Sie ruhig ein paar Exemplare kaufen und verschenken, anstatt das einfach zu verleihen. Wie soll ich denn sonst das nächste Buch finanzieren?

– Ich würde sagen, jetzt schreiben Sie dies hier erst einmal fertig, bevor Sie ans nächste denken. Worum geht's eigentlich in diesem

Kapitel? Ich wette, Sie haben sich wieder was ganz Unbequemes für mich einfallen lassen.

– Sehen Sie das kleine Türchen da vorne? Da werden Sie jetzt reinklettern.

– Ich wusste es! Jetzt seien Sie doch nicht gleich so nachtragend.

– Von wegen nachtragend, das ist der Höhepunkt des Buches und war sauteuer.

– Ach so. Sieht aber wirklich unbequem aus.

– Kennen Sie den Film *Being John Malkovich*?

– Sie meinen den, wo ein kleiner Gang in den Kopf von John Malkovich führt? Und wer da reinklettert, erlebt eine Viertelstunde lang die Welt aus der Sicht des Schauspielers?

– Genau der. Sehen Sie, ich habe weder Kosten noch Mühen gescheut und das hier für uns nachstellen lassen. Natürlich mit dem kleinen Unterschied, dass der Gang da vorne in den Kopf eines Hundes führt.

– Toll, das wird sicher interessant.

– Und das löst auch gleich das eher haarspalterische Problem, dass wir eigentlich niemals ganz genau wissen können, wie es im Inneren eines anderen Wesens aussieht. Erinnern Sie sich? Erleben können Sie die Welt nur aus Ihrer Sicht authentisch, auch wenn Sie sich vielleicht theoretisch vorstellen können, wie es in mir zugehen mag.

– Na gut, aber vieles kann ich ja extrapolieren, wie man so schön sagt. Das heißt, wenn ich mir ein paar Male mit dem Hammer auf den Daumen gehauen habe, dann kann ich mir schon so ungefähr vorstellen, wie sich das gegebenenfalls für Sie anfühlt, oder?

– Bei so elementaren Sinneseindrücken geht das natürlich schon, aber je komplexer die Sache wird, desto mehr Unsicherheit ist mit im Spiel. Ganz zu schweigen von der Herausforderung, sich in eine andere Tierart hineinzuversetzen. Das Problem beschäftigt ganze Horden von Philosophen, Neurobiologen und Verhaltenswissenschaftlern, die dazu regelmäßig Thesenpapiere veröffentlichen. In denen wird alles, was keine unverständliche Bezeichnung hat, wenigstens durch kursive Hervorhebung verkompliziert.

– Da haben Sie sich wohl ein paar Anregungen für ihr Buch geholt, oder?

– Nein, ganz im Gegenteil, ich versuche gerade, das weiträumig zu umschiffen. Sonst müssten wir uns womöglich bald mit Qualia und Fledermäusen herumschlagen, und das will ich Ihnen und mir gerne ersparen. Aber wir müssen im Inneren dieses Buches auf diese Details zum Glück keine Rücksicht nehmen, denn anders als in der Wirklichkeit können wir hier nach Belieben in die Haut eines anderen Wesens schlüpfen und alles von dessen Warte aus erleben. Das heißt, solange wir es mithilfe der Sprache vermitteln können. Wie nahe wir der tatsächlichen Innenwelt etwa eines Hundes kommen, entscheiden darüber hinaus nur unser Vorwissen und unsere Vorstellungskraft.

– Mit Vorwissen meinen Sie wohl die bisherigen Kapitel? Ich weiß ja nicht, ob da viel hängen geblieben ist, bei Ihrer Gabe, die Dinge zu erklären.

– Egal, sehen Sie es einfach als kleine Auffrischung. Wenn alles klappt, werden Sie jetzt das Innere eines Hundes erleben, mit seiner Nase riechen, seinen Augen sehen, seinen Ohren hören. Sie werden

mit seinem Gehirn denken, aber sich mit Ihrem eigenen dabei beobachten. Einverstanden?

– Klingt wirr, aber interessant. Wann kann's losgehen?

– Sie können gerne schon losklettern, aber ich sag es Ihnen
gleich: Wenn Sie mir nicht versprechen, wenigstens ein Exemplar von
dem Buch hier zu verschenken, dann lasse ich Sie nach einer Viertelstunde wie im Film an der New Jersey Turnpike rausfallen und Sie
können sehen, wie Sie wieder nach Europa kommen.

– Unsinn, ich falle höchstens in meinen bequemen Lesesessel,
oder wo immer ich jetzt auch sitze.

– In der Wirklichkeit vielleicht, aber in der Rahmenhandlung
kann ich Sie auch in Omas Jauchegrube fallen lassen.

– Keine Scherze mit Oma.

– Jaja, ist ja gut. Hauptsache, Sie lassen Ihre Cousins zu Hause
und kaufen noch ein Buch. Also abgemacht?

– Na gut, einverstanden. Das muss aber jetzt ein echter Reißer
werden, der Ritt im Hundehirn.

– Halten Sie sich fest!

Ich stehe an der Tür und warte. Ich rieche schon ein bisschen was von
dem, was mich da draußen erwartet, und freue mich. Das lässt mich
unwillkürlich mit dem Schwanz wedeln, eigentlich mit dem ganzen
Hinterteil, um genau zu sein. Sicher ist das Hauseck wieder voller
Neuigkeiten. Ich mache einen kleinen Freudensprung. Ich drehe mich
um und sehe nach meinem Menschen. Er trödelt mit den Schuhen und
dem Mantel rum und hat immer noch keine Leine in der Hand. Der

kapiert wieder mal nicht, was uns da entgeht. Oder will er womöglich ohne mich los? Ich renne zu ihm, springe kurz an ihm hoch und flitze wieder vor die Tür. Hat er verstanden? Keine Reaktion. Unter dem Türschlitz riecht es nach unglaublich vielen Sachen gleichzeitig, die ich aber erst gebührend würdigen kann, wenn wir draußen sind und ich näher rankomme. Ich kratze auf dem Boden, das wird er hoffentlich verstehen. Also, was ist jetzt?

Ich belle ein paarmal. Er schaut zu mir her, zischt und schimpft. Ich winsele. Er sagt etwas Beschwichtigendes. Ich bin also mit von der Partie. Super. Ich renne noch mal hin und her. Jetzt will er mich anleinen und hält mich am Halsband fest. Ich ziehe kräftig dagegen. Dabei merkt er hoffentlich, dass ich erstens mit nach draußen will und zweitens ein kräftestrotzender Hund bin, der sich vor nichts fürchtet – kurz gesagt, der ideale Begleiter.

Er greift nach der Klinke und öffnet die Türe. Ich zuerst. Ich, ich, ich. ICH! Los geht's. Die Treppe ist glatt und rutschig, da komme ich nicht so recht voran. Auf dem Treppenabsatz liegt ein Teppich, da gebe ich Gas. Anfangs muss ich immer ganz schön ziehen, damit mein Mensch auf Touren kommt. Was schimpft er? Aha, er hält sich am Geländer fest. Warum besteht er auch darauf, nur zwei Beine zu benutzen? Jetzt kommt gleich die Haustür, los, weiter. Ich ziehe wie der Teufel. Halt, was riecht da rechts so lecker? Mal am Boden lecken – oh, Huhn gebraten. Hat aber leider schon jemand anders mitgenommen. Egal, da vorne ist die Haustür, jetzt gehts raus, Hurraa!

Ich sehe Menschen gehen, Autos fahren, Radler radeln. Über der Straße klirren und summen Drähte, das kenne ich: Gleich wird eine

Trambahn um die Ecke biegen. Bis jetzt ist noch kein Hund in Sicht, aber ich rieche eine ganze Horde, die hier vorbeigekommen sein muss. Natürlich nicht gleichzeitig, ich rieche sie nur gleichzeitig. Das kommt von der Häuserecke, wie üblich, also nichts wie hin. Zieh, zieh, zieh, geht das nicht etwas schneller? Okay, gleich sind wir so weit. Der große Schwarze ist schon da gewesen, sieht so aus, als wäre er gut drauf heute. Vielleicht sehen wir uns nachher im Park auf ein paar Runden?

Die wuschlige Hündin hat hier am Boden markiert, wie üblich kein Interesse an Rüden, aber das hätte ich schon in der Wohnung gemerkt, wenn sich daran was geändert hätte. Das muss man mir ja wohl nicht extra erklären. Hier ist auch was von einem Neuen, der erst mal so tut, als würde er es mit allen gleichzeitig aufnehmen. Hat ziemlich weit oben markiert, das dürfte also ein ganz schöner Brocken sein. Egal, ich warte mal ab, bis er uns über den Weg läuft, und erkläre ihm dann, wie das hier so läuft. Das wäre der Erste, der mir Angst macht. Ich werde ihm das hier schon mal an Ort und Stelle ankündigen. Und hoch das Bein. He, nicht gerade jetzt an der Leine ziehen, was soll das denn? Na egal, dann eben auf dem Rückweg. So, jetzt aber weiter, Düfte von links, Düfte von rechts, manchmal weiß ich gar nicht, wo ich zuerst mit der Nase langschnuppern soll. Von Weitem weht schon ein Lüftchen aus dem Park herüber. Wir gehen doch in den Park, oder?

Oder? Ich schaue zu meinem Menschen hoch. Er steht wie angewurzelt vor einem Schaufenster. Na, dann schnüffle ich eben hier noch ein wenig rum. Er bindet mich an. Meinetwegen, das kenne ich ja, Hauptsache, es dauert nicht wieder ewig. Ich sehe mir die Füße der Leute an, die vorbeigehen. Kurz darauf weht ihr Geruch vorbei.

Die meisten kenne ich vom Riechen. Die Frau hier lebt wohl mit zwei Katzen zusammen. Zumindest trägt sie deren Duft spazieren. Die Katzen selbst scheinen aber nicht mit dabei zu sein, sonst könnten sie was erleben. Ist überhaupt seltsam hier im Viertel: Viele Tiere rieche ich regelmäßig, ohne ihnen je über den Weg zu laufen. Im Park ist das anders, da habe ich schon alles Mögliche erlebt: Vögel, Eichhörnchen, Mäuse – und natürlich die anderen Hunde.

– He, das war ja mein eigener Hund.

– Na eben, ich sagte Ihnen doch, wir haben weder Kosten noch Mühen …

– Ja, aber der Mensch da, der Hundebesitzer, das bin ich selbst!

– Stimmt. Nur eben aus der Sicht Ihres Hundes.

– Irre. Das war, als ich dieses Buch hier gekauft habe. Da hatte ich ihn kurz vor der Buchhandlung draußen angebunden.

– Und wie gefiel Ihnen das mit dem Riechen?

– Unbeschreiblich. Das lässt sich nicht in Worte fassen, so überwältigend ist der Unterschied. Erstaunlicherweise macht es mir als Hund überhaupt nichts aus, an Dingen zu schnüffeln, deren Geruch ich als Mensch abstoßend finden würde. Zum Beispiel Harnmarkierungen: Der Geruch ist zwar irgendwie da, als großes Ganzes, aber er löst sich in Tausende von Bestandteilen auf.

– So, als wäre da statt eines unangenehm blendenden Lichts nun ein detailreiches Gemälde?

– So ähnlich. Ich verstand den Geruch plötzlich als ein Zusammenspiel feinster Nuancen. Das versetzte mich ganz unvermittelt in

Hunderte von Stimmungen, auf die ich nach Belieben meine Aufmerksamkeit richten konnte. Ich verstand alles Mögliche über andere Hunde, ohne dass ich groß darüber nachdachte.

– Aus dem Grund sind Hunde oft wie in Trance, wenn sie etwas Interessantes riechen. Und manchmal kaum von der Häuserecke wegzubekommen.

– Nun, wenn er gerade völlig vergeistigt in Gerüchen schwelgt, dann ziehe ich ihn eigentlich nur selten weiter. Eben nur, wenn wir es eilig haben. Aber ich werde ihm jetzt sicher mit anderen Augen dabei zusehen. Etwas neidisch vielleicht.

– Na gut, aber dafür dürften Sie ihn kaum für das Seherlebnis beneiden, oder?

– Nun, das war ziemlich enttäuschend, muss ich sagen. Schon die Froschperspektive ändert einiges. Viele potenziell interessante Dinge sind da außerhalb meines Sichtwinkels. Okay, Menschen, Autos, Radler, das erkannte ich schon, aber reichlich farblos und grobmaschig, so als würde ich durch eine dichte Gardine gucken. Nur, als Hund machte mir das eigentlich nichts aus. Um ehrlich zu sein, ich achtete nicht mal besonders darauf.

– Weil Ihre Aufmerksamkeit stattdessen von ihrer Nase in Beschlag genommen war?

– Ja, und die Nase ersetzte nicht nur die Augen, sie übertraf sie bei Weitem. Ich roch nicht nur das, was ich auch hätte sehen können, sondern viel mehr. Ich hatte längst Vergangenes so deutlich präsent, als hätte ich es als Mensch direkt vor meinen Augen. Kennen Sie die Playback-Funktion in Google Wave?

– Google was?

– Apples Time Machine vielleicht?

– Apple? Ich hatte mal ein PowerBook, aber das ist auch schon wieder eine Weile her.

– Ich sehe schon, Sie sind eher Old School. Steuerung-Z, sagt Ihnen das was? Nein? Bearbeiten > Rückgängig? Sagen Sie mal, auf was schreiben Sie eigentlich Ihr Buch? Auf Marmorplatten?

– Ist ja gut, ich verstehe Sie ja. Sie meinen diese Funktion, mit der Sie die Veränderungen in einem Dokument in die Vergangenheit verfolgen können, stimmt's?

– Genau. So ungefähr ist das, wenn ich mich als Hund auf Gerüche konzentriere. In der Wirklichkeit verändern die sich ja auch mit der Zeit. Ich habe da eine innere Vorstellung von all diesen Stadien präsent, die ich mit dem vergleichen kann, was ich gerade rieche. Dadurch weiß ich nicht nur, wie alt ein Geruch ist, ich kann auch Geruchsmischungen dabei beobachten, wie sie sich verändern, altern, neu mischen. Alles ist viel mehr im Fluss als in unserer sichtbaren Welt. So, als würden sich mit den Gerüchen Stimmungen und Gedanken ein- und ausblenden, wie wabernde Bilder, die sich überlagern. Ist aber eigentlich kaum zu beschreiben.

– Und Sie können als Hund sogar in die Zukunft riechen, stimmt's?

– Ja, das ist besonders seltsam. Das geht vermutlich am besten, wenn der Wind richtig steht. Dann rieche ich schon von Weitem, was in Kürze auf mich zukommt oder was dort vor sich geht, wo ich hinlaufe. Aber es funktioniert ein wenig mit allen Gerüchen. Meistens ist es ein sanftes Einblenden, das schon ein wenig im Voraus stattfindet, also bevor sich irgendwas ereignet oder verändert. Das ist oft nur eine vage Ahnung, so ein Bauchgefühl, das aber immer deutlicher wird. Und das sich meistens als richtig erweist.

– So viel zu den übersinnlichen Fähigkeiten von Hunden.

– Was mich auch erstaunt hat, ist diese geistige Beweglichkeit im Hier und Jetzt. Ich dachte immer, Hunde seien etwas beschränkt in ihrer Aufnahmefähigkeit, einfach weil sie auf manche Dinge gar nicht zu reagieren scheinen. Aber ich habe gemerkt, dass ich vieles durchaus mitbekommen habe, mich aber einfach nicht dafür interessiere. Als Hund dreht sich mein ganzes Wertesystem um völlig andere Themen als bei einem Menschen. Es fehlt der intellektuelle Überbau, aber darunter erstreckt sich eine extrem detaillierte Lebenswelt, mit unglaublich reichhaltigen Sinneseindrücken und inneren Bildern.

– Wollen Sie noch mal eine Runde drehen?

– Aber gerne.

– Bitte schön, ich helfe Ihnen rein.

Wo bleibt er nur? Ich schüttele meinen Kopf, lasse die Ohren schlackern und stehe auf. Oh, da hinten kommt ein blonder Hund, mit Mensch im Schlepptau. Kenne ich die? Mist, ich rieche noch nichts, die kommen gegen den Wind. Aber der Hund hat mich schon bemerkt, so wie der mit gespitzten Ohren auf mich zustakst. Dem ist hoffentlich klar, dass das hier mein Platz ist. Ich muss mich mal in Position bringen. Kopf und Schwanz hoch, und jetzt nicht mehr aus den Augen lassen.

Aha, sie kommen auf mich zu. Jetzt merke ich auch, dass wir uns kennen, von der Hundewiese. Ein verspielter Typ, planscht gern im Bach rum. Aber da war er heute noch nicht, das würde ich riechen. Ich fange an, ein bisschen zu wedeln. Er entspannt sich. Jetzt kommt er mit der Schnauze näher, wir beschnuppern uns und er dreht längs bei. Wir präsentieren uns die Hinterteile und erzählen uns so, wie wir heute gelaunt sind, was wir zum Frühstück hatten und was sonst so passiert ist. Er freut sich und wedelt. Sein Mensch zieht ihn weiter. Die gehen sicher in den Park. Na dann, bis später. Hoffentlich.

Hinlegen, warten, schnuppern. Was kommt da aus dem Kellerfenster? Rattenduft, herrlich. Das erinnert mich an die Ratten in der Grünrabatte bei der U-Bahn. Die rieche ich manchmal bis in die Wohnung. Wenn ich nicht an dieser Leine hinge, dann hätte ich mir die Viecher längst geschnappt, eines nach dem anderen. Jagen ist überhaupt meine Lieblingsbeschäftigung. Ich weiß noch, als er mich mal frühmorgens auf dem Weg zur U-Bahn frei laufen ließ. Ich hatte die Ratten schon von Weitem zirpen gehört und der Duft war unüberriechbar. Ich also nichts wie los und rein in die Rabatte. Noch in der Luft sehe ich diese beiden Prachtexemplare unter mir am Abfall nagen. Und als sie mich bemerken, ist es eigentlich zu spät für sie. Wenn ich nur ein wenig weiter seitlich gesprungen wäre, hätte ich mindestens eine voll erwischt. Aber so war ich mir nicht sicher, welche ich mir zuerst holen soll; und prompt haben sie mich ausgetrickst und sind im Grünzeug untergetaucht. Ich bin noch ein paarmal hinter ihnen hergesprungen, aber die waren in null Komma nix in einem Erdloch verschwunden.

Eigentlich hätten wir nur ein bisschen graben müssen, ein klasse Imbiss wär das geworden, aber mein Mensch hatte natürlich wieder was dagegen. Anstatt mir zu helfen, kam er schreiend auf mich zugelaufen. Sah ziemlich verärgert aus, so als hätte er es auf mich abgesehen. Da zog ich vorsichtshalber den Schwanz ein und lief zu ihm zurück. Ich wollte nur wissen, was los war. Aber als ich bei ihm war, setzte es ein paar Klapse. Das mit dem Zurücklaufen war also wohl doch nicht das Richtige. Naja, ich war noch jung. Inzwischen weiß ich, wann ich kommen kann und wann ich besser so tue, als würde ich ihn nicht hören.

Da ist er ja. Manchmal ist er ein ziemlicher Spaßverderber, aber ich freue mich trotzdem immer riesig, ihn zu sehen, auch wenn er nur kurz weg war. Ist einfach süß, wenn er so auf zwei Beinen hinter mir herläuft. Nur mit dem gemeinsamen Jagen, das klappt überhaupt nicht. Jetzt hat er wieder was unter dem Arm, aber ich bin mir ziemlich sicher, dass es nicht essbar ist. Der Metzger ist zwei Türen weiter. Riecht eher nach Buch, so von Weitem. Das sind diese langweiligen Dinger, die er sich stundenlang vor die Nase hält und dabei so tut, als wäre ich Luft. Ob er sich erinnert, wo es zum Park geht? Ich ziehe ihn vorsichtshalber in die richtige Richtung.

So langsam würde ich auch gerne mal einen schönen Haufen hier irgendwo hinsetzen. Jeder Baum entlang der Straße hat sein eigenes kleines Duftwölkchen aus Harnmarkierungen, und rundherum erstreckt sich ein wahres Geruchsparadies aus Kot und Hundehintern. Das ist fast noch interessanter als die Hausecke und ich könnte hier stundenlang mit der Nase am Boden schwelgen. Ich finde jedenfalls, dass ich hier genau richtig bin. Kleine Pause, bitte. Konzentration. So, und jetzt noch den krönenden Abschluss. Mit den Hinterpfoten ein wenig Gras und Erde drüber – fertig. Hach, ist das wieder toll geworden, ein Meisterwerk. Wir können weiter. Hallo? Aha, mein Mensch findet es auch ganz toll. Er packt es sich sogar ein und nimmt es mit. Na, da sind wir ja mal einer Meinung. Geht's jetzt in den Park?

– Musste das jetzt noch sein mit dem Haufen? Ich meine so mitten in der Stadt, vor allen Leuten?

– Aber als Hund haben Sie sich doch keineswegs geschämt, oder?

– Nein, natürlich nicht. Ein merkwürdiges Gefühl, so völlig ohne Zwänge und Konventionen zu leben.

– Täuschen Sie sich da nicht. Unter ihresgleichen haben gut sozialisierte Hunde ein sehr feines Gespür für passendes oder unpassendes Verhalten. Körperhaltung, Blickkontakt, Annäherungsritual: Sie haben ja gesehen, welch hochkomplexe Etikette da im Spiel ist.

– Das ist wirklich erstaunlich, wie mir diese Details entgehen konnten. Als Hund fällt mir sofort auf, in welcher Stimmung ein anderer Hund ist. Seine Haltung, Mimik und Bewegung sprechen Bände, da merke ich schon von Weitem, ob der was im Schilde führt oder Schiss hat, ob er mir gleich an die Gurgel will oder eher zum Spielen aufgelegt ist. Und sobald ich ihn riechen kann, ist sowieso alles klar. Da kann ich förmlich mitverfolgen, wie er sich entspannt oder freut.

– Und jetzt wissen Sie auch, warum Ihr Hund auf dem Weg zur U-Bahn immer ausflippt.

– Ja, ich dachte mir schon, dass ihn da irgendwelches Getier interessiert. Das mit den Ratten überrascht mich nicht, er jagt überhaupt gerne, auch Katzen. Das kann ich natürlich nicht zulassen. Aber der folgt einfach nicht. Ich weiß ja inzwischen selbst, dass ich ihn nicht hätte bestrafen sollen, als er nach der Aktion wieder herkam. Aber ich hatte ihn noch nicht so lange, und ich war stinksauer, dass er abgehauen war. Seither lasse ich ihn eigentlich nur im Park auf der Hundewiese frei laufen, und ich rufe ihn auch immer wieder mal ab.

– Und das klappt zuverlässig?

– Wenn nichts dazwischenkommt. Ich meine, diese legendären Hunde, die brav wie die Lämmchen neben ihren Besitzern hertrotten, aufs Wort hören, vielleicht noch die Wurst auf der Nase balancieren, bis Herrchen »Friss!« sagt, also das ist doch Humbug, oder? Das gibt's doch nur im Fernsehen, wenn Sie mich fragen. Da auf der Wiese hat jeder Hund seine Macken, fragen Sie mal die Besitzer. Obwohl die meisten Hunde natürlich schon folgen, zumindest besser als meiner.

– Vielleicht bringt es ja was, wenn Sie Ihren Hund etwas besser verstehen? Jetzt, nach dem Ausflug in sein Gehirn, da können Sie doch sein Verhalten viel besser einordnen. Da wird dann eher klar, warum er zum Beispiel an der Leine zieht. Viele Dinge, die Sie stören, macht Ihr Hund vielleicht nur deshalb, weil sich ihm keine Alternative bietet. Wenn er mit Ihnen zusammen spannende Jagd- und Fang-Erlebnisse hätte, würde er vielleicht gar nicht erst allein auf Rattenjagd gehen. Und wenn das Laufen an Ihrer Seite interessant genug wäre, dann würde er vielleicht gar nicht erst vorauslaufen und ziehen.

– Aber wie sollen wir denn anders laufen? Der will halt in erster Linie zum Park und deshalb zieht er wie ein Verrückter.

– Nein. Der zieht, weil er erstens denkt, er müsse die Richtung bestimmen, und weil er zweitens das Gefühl hat, nur durch Ziehen vorwärtszukommen. Je kräftiger er zieht, desto eher kommt er dahin, wohin er will. Wenn er vor dem Geschäft angebunden ist, zieht er ja auch nicht an der Leine. Er hat kapiert, dass es ihm bei Ihnen was bringt, bei der Mauer hingegen nicht.

– Verstehe. Und wie treibe ich ihm das jetzt aus?

– Der Hund könnte zum Beispiel lernen, beim Gehen genau auf Sie zu achten. Dazu müssen Sie natürlich auch führen und ihm zeigen, wo es langgeht. Wenn er Sie ignoriert oder Sie wie bisher in eine Richtung zieht, dann sollte das genaue Gegenteil dessen passieren, was der Hund will. Das heißt, Sie bleiben stehen oder wechseln die Richtung. Sie gehen nur zügig mit ihm vorwärts, wenn er aufmerksam neben Ihnen her läuft. Das geht am Anfang nicht sofort, weil er ja das bisherige System erst einmal vergessen muss. Aber ein guter Hundetrainer bringt Ihnen in kürzester Zeit bei, wie Sie Ihren Hund für sich interessieren und dazu motivieren, die neuen Regeln zu lernen. Da hat übrigens jeder seine eigene Methode. Manche motivieren mit Belohnungen, andere machen ein Spiel oder eine Art Tanz daraus, bei der Hund und Halter synchrones Timing entwickeln. Im passenden Moment braucht es auch mal einen leichten Ruck oder vielleicht eher ein Schütteln an der Leine. Das darf aber nicht zur Tyrannei werden, es soll ja beiden Spaß machen, sonst funktioniert es auf Dauer nicht. Grober Umgang ist inzwischen eher verpönt, aber das ist ohnehin selten nötig, da Hunde subtilste Andeutungen in unserer Körpersprache verstehen. Viel wichtiger ist es, mit dem Hund in Verbindung zu bleiben, klar und konsequent zu kommunizieren, so erreicht man das Ziel meistens am schnellsten.

– Aha, Sie denken also, das kriegen wir noch hin? Auch wenn mein Hund ein sturer Dickschädel ist, der sich eher mit der Leine stranguliert, bis er blau anläuft, als auch nur einen Fußbreit nachzugeben?

– Aber natürlich klappt das. Das erkläre ich Ihnen gerne später noch etwas detaillierter. Aber vorher machen wir noch einen kleinen Ausflug auf die Hundewiese, ja?

– Gerne.

Endlich sind wir da. Heute ist schon was los, der blonde Hund von vorhin kam hier vorbei. Jetzt tobt er gerade da drüben mit dem großen Schwarzen, den ich schon von Weitem rieche. Ich will auch mitmachen. Ich blicke zu meinem Menschen auf. Aha, er will auch da rüber. Lässt er mich jetzt los? Er geht in die Hocke und macht die Leine ab. Hurra! Jungs, ich komme!

Ich renne quer über die Wiese. Als ich näher an die anderen rankomme, bremse ich ab und komme mit erhobenem Kopf und wedelndem Schwanz näher. Die unterbrechen kurz ihr Spiel, um mich hechelnd zu begrüßen. Schnüffel, schnüffel, alle gut drauf heute, das ist ja wunderbar. So, wer will jetzt eine Abreibung? Ich senke die Vorderpfoten und den Kopf, lasse aber den Hintern mit dem wedelnden Schwanz hoch erhoben. Da greift der Schwarze an. Eine Scheinattacke, ich springe auf, gehe wieder in Lauerstellung. Doch jetzt kommt der Blonde von der Seite. Ich weiche aus, remple ihn in die Seite und mache mich aus dem Staub. Alle rennen hinter mir her, aber sie kriegen mich nicht. Ich muss mal bremsen, die sind zu langsam. Ich lasse mich fallen und von den anderen attackieren.

Ich spiele abwechselnd Opfer und Jäger, renne, fliehe, kugele über das Gras, beschwere mich, wenn einer zu aufdringlich wird, und entschuldige mich mit Verbeugen und Augenzwinkern, wenn ein anderer aufheult. So toben wir eine ganze Weile in wechselnder Zusammensetzung umher, bis wir eine Verschnaufpause brauchen. Wir liegen nebeneinander im Gras, versuchen uns scherzhaft zu beißen und können nicht mehr vor lauter Lachen.

Ein Schrei ertönt vom Spielfeldrand. Der Schwarze horcht auf und macht sich auf den Weg zu seinem Menschen. Der Blonde und ich begleiten ihn ein Stück und versuchen, ihn zum Weiterspielen zu bewegen. Aber der läuft unbeirrt zu seinem Menschen zurück. Aha, da kriegt er was zu knabbern. Wir laufen auch hin, mit hungriger Miene, und kriegen prompt was ab.

Mein Mensch steht daneben und redet mit den anderen beiden. Jetzt beugt er sich zu mir herab und ruft mich heran. Scheint gut gelaunt zu sein. Ich gehe zu ihm und er streichelt mir über den Kopf. Er leint mich an und unterhält sich noch ein wenig mit den anderen Menschen. Da gibt ihm einer einen kleinen runden Ball. Sie verabschieden sich und die beiden Hunde verschwinden mit ihren Besitzern. Schade, was machen wir jetzt? Ich schnüffele ein wenig herum und denke darüber nach, wie ich am besten ausbüchsen und auf Rattenjagd gehen könnte.

Mein Mensch nimmt den Ball und zeigt ihn mir. Ich komme näher. Er riecht nach den anderen beiden Hunden. Da könnte sicher ein lustiges Spiel draus werden, wenn die nicht schon gegangen wären. Aber ich will ihn trotzdem haben. Her mit dem Ball. Ich springe an meinem Menschen hoch. Was sagt er? Sitz? Das haben wir schon mal zu Hause probiert, da gab's Futter fürs Hinsetzen. Vielleicht will er das? Okay, ich setze mich hin. So. Kriege ich jetzt den Ball? Was macht er denn jetzt? Er wirft ihn in hohem Bogen von sich. Schnell hinterher! Super, wie der aufspringt und weiterfliegt. Als wäre er eine Ratte auf der Flucht. Naja, vielleicht eine kranke Ratte. Jetzt ist der Ball weg, ich sehe ihn nicht mehr. Aber der Geruch ist ganz nah. Zack, da liegt er. Und schon ist er meiner, schnapp, hochwerf, kau.

Mein Mensch ruft mich. Ich sehe hin, und er geht in die Hocke. Hat er noch mehr im Ärmel? Ich schnappe mir den Ball und laufe zu ihm. Was denn, jetzt will er den Ball haben? Das könnte dir so passen. Hol ihn dir doch, wenn du dich traust. Lass uns spielen, los. Nein, er will nicht spielen, er will den Ball zurück. Aber das ist doch meiner. Aha, er holt sich was anderes aus der Tasche. Hee, das sind die Leckerbissen von vorhin. *Die* will ich. Ich, hier, hallo! Ja, ich mache ja auch Sitz. Ist es so besser? Aha, auch noch Platz, na gut. Jetzt gibts das Leckerli, super. Ich lege den Ball weg und schnappe mir den Happen.

Aha, er hat den Ball wieder in der Hand und ruft was. Ich springe auf. Er wirft ihn, toll. Nichts wie hinterher. Ist ohnehin viel interessanter, wenn der Ball sich bewegt. Diesmal bringe ich ihn gleich mal zurück, vielleicht gibt's wieder eine Belohnung. Ja, schon gut, erst Sitz, dann Platz, dann Ball ins Gras, dann macht das Häppchen noch mehr

Spaß. Und wieder werfen, und wieder fangen, und wieder zurückbringen. Natürlich gebe ich ihn her, auch ganz ohne Aufforderung. Los, wir spielen weiter. Wirf ihn noch mal. Toll, was ich meinem Menschen da heute beigebracht habe. Das muss ich beim nächsten Mal den Jungs zeigen.

– Da haben Sie Ihren Hund neulich aber ziemlich beeindruckt. Der scheint sich besser amüsiert zu haben als mit seinen Kumpels.

– Ja, der war den ganzen Tag friedlich hinterher. Ich hatte mich mit den anderen Besitzern über unsere Hunde unterhalten, und einer meinte, seit er ihn regelmäßig beschäftigt und ihn mit Ballspielchen und Ähnlichem auslastet, sei er wie ausgewechselt. Da sagte ich, das wolle ich auch mal ausprobieren. Er hat mir ein paar Sachen erklärt und sogar seinen Ball dagelassen.

– Wissen Sie, das Erstaunlichste an Hunden ist, dass sie einen unveränderlichen gemeinsamen Nenner haben, allen individuellen Unterschieden und Rassemerkmalen zum Trotz, der ihnen weder durch Zucht noch Haltung auszutreiben ist: Das ist die Fixierung auf den Menschen. Hundeliebhaber würden es Freundschaft nennen, neutral Gesinnte vielleicht Symbiose. Andere mögen anführen, der Mensch sei das Schweizer Taschenmesser des Haushundes, der uns mit der Bravour eines Zirkusdompteurs zu manipulieren verstünde. Aber der Grundtenor bleibt derselbe: Egal, wie wenig wir von ihrem Denken, ihren Bedürfnissen, ihren Signalen begreifen mögen, sobald wir den richtigen Draht zu ihnen finden, lassen sie sich voll und ganz auf uns ein. Der Draht kann von Hund zu Hund variieren, manchmal ist er auch tief verschüttet. Aber kaum ein Hund wird sich einem Menschen verschließen, der sich aufrichtig mit ihm beschäftigt, es ernst mit ihm meint und ihn seinem Temperament entsprechend körperlich und geistig fordert.

– Das wäre dann also das Geheimnis der artgerechten Hundehaltung?

– Naja, artgerecht werden heute wohl die meisten Hunde gehalten, auch wenn wir sie manchmal mit Führungsaufgaben etwas überfordern, um es mal so zu sagen. Aber der zufriedenste Hund ist sicher der, der die beiläufige, aber unverbrüchliche Zuneigung seines Herrchens oder Frauchens genießt, seinen Platz im sozialen Gefüge täglich bestätigt bekommt und in einem stabilen Umfeld eine Vielfalt von geistigen und körperlichen Anregungen erleben darf.

– Klingt nach Soziologen-Paradies. Es ist schon unglaublich, wie viele Missverständnisse es zwischen Hunden und Menschen gibt. Andererseits muss ich sagen, dafür, dass wir verschiedene Tierarten sind, verstehen wir uns eigentlich erstaunlich gut.

– Ja, das ist ja das Wunderbare. Vor allem in einer sehr ursprünglichen Weise verstehen wir uns, und das schon seit Tausenden von Jahren. Ein erfahrener Hirte oder Jäger, egal aus welcher Epoche, kennt das Wesen seiner Hunde mit Sicherheit besser als viele Hundehalter heute, und er versteht sich auch hervorragend mit ihnen, ganz ohne neueste Erkenntnisse der Kognitionsforschung. Aber die Rolle des Hundes in unserer Gesellschaft hat sich nun einmal radikal gewandelt. Wir verbringen weniger Zeit mit unseren Hunden, stellen aber höhere Ansprüche an ihre Eingliederungsfähigkeiten. Wir investieren weniger in ihre Ausbildung, erwarten aber ein stets zuverlässig funktionierendes und anpassungsfähiges Wesen.

– Dafür müssen die Hunde nicht mehr so hart für uns arbeiten.

– Auch ein Hund, der den Tag zu Hause verbringt, arbeitet in einem gewissen Sinn für sein Futter, einfach indem er die Zeit bis zu unserer Rückkehr absitzt. Und ich wäre mir nicht so sicher, welche Beschäftigung ein Hund als angenehmer empfindet: bisweilen mühsame Arbeit an unserer Seite oder bequemes, aber todlangweiliges Dahindämmern. Das hängt übrigens auch von der Rasse ab, darum ist es ja so wichtig, dass man sich vorher gut überlegt, welcher Hund zu einem passt. Man kann das sogar bei Mischlingen recht gut abschätzen, indem man sich seine Geschwister oder Eltern ansieht oder den Vorbesitzer fragt.

– Nun, meiner hat jedenfalls mehr Spaß, wenn wir zusammen unterwegs sind, das hat sich ja jetzt gezeigt. Ich würde ihn auch gerne mehr für die Wartezeiten zu Hause entschädigen. Aber ich kann mir ja wohl kaum eine Schafherde zu legen oder mit ihm auf Rattenfang in die U-Bahn gehen.

– Nein, aber Sie können versuchen, sein Potenzial freizulegen. Das können Sie jeden Tag ein paar Minuten machen, auch zu Hause. Dabei können Sie seine Sozialkompetenz verfeinern, seine Intelligenz ausreizen, seine Sinne stimulieren. Sie werden staunen, was das für einen Unterschied bewirkt.

– Ein paar Minuten, zu Hause? Das glauben Sie ja wohl selbst nicht, dass ich bei meinem Hund auf die Weise etwas ausrichte, oder?

– Besser wäre es natürlich, Sie würden auch ein paar grundsätzli-
che Dinge beherzigen, soweit nötig die Rollen klar verteilen, ein paar
Regeln etablieren und so weiter. Das kann ich gerne gleich anschließend noch genauer erklären. Aber wenn Sie jeden Tag mit Ihrem Hund
irgendeine Kleinigkeit machen, die ihnen beiden Spaß macht und bei
der er zeigen kann, was er geistig so draufhat, dann wirkt sich das
mit Sicherheit positiv auf Ihre Mensch-Hund-Beziehung aus. Und die
Grundregeln lassen sich dann auch viel leichter umsetzen, weil Sie
einen ganz anderen Bezug zu Ihrem Hund haben.

– Da bin ich aber skeptisch.

– Vielleicht sollte ich Ihnen einfach mal etwas zeigen. Eine kleine Vorschau, sozusagen. Was die Zukunft dann wirklich für Sie bereit-
hält, weiß ich natürlich auch nicht, ein Hundebuch ist ja keine Kristall-
kugel. Aber eine Möglichkeit wäre zum Beispiel das hier …

Ich stehe an der Tür und warte. Aha, Herrchen zieht sich die Schuhe
an. Ich setze mich am besten mal hin, das hat in letzter Zeit am besten
funktioniert. Er ist recht spendabel geworden, mal sehen, ob jetzt auch
wieder was für mich abfällt. Mantel, Leine, langsam hat er alles bei-
sammen, das läuft genau wie geplant. Wenn ich jetzt noch ein wenig
sitzen bleibe, dann dürfte er gleich damit rausrücken. Und? Ja, da ist
der Happen. Hehe, wusste ich's doch. Lecker.

Er hängt mich an die Leine. Aufgepasst, jetzt bloß nicht zerren,
sonst dreht er gleich wieder um. Wir gehen doch raus, oder? Ich kann
es kaum erwarten, mit ihm loszuziehen. Der hat seit Kurzem echt
spannende Aktionen parat, kann sein, dass wir auch jetzt wieder zu so

was aufbrechen. Wir gehen die Treppe runter, ein wenig zu langsam für meinen Geschmack, aber er checkt eben sorgfältig die Lage. Ich würde ja lospreschen, so wie früher, aber dann ist gleich Schluss mit Auslauf. Irgendetwas hakt da neuerdings, das habe ich schon gemerkt.

Außerdem ist es gar nicht mehr so einfach, vorauszurennen. Seit er so umsichtig geworden ist, gehen wir mal hierhin und mal dorthin. Da weiß ich nie, welche Richtung er einschlägt, und es macht keinen Spaß, ihm dauernd hinterherzurennen, wenn er wieder woanders hinläuft. Da passe ich lieber auf und bleibe direkt neben ihm, so habe ich ihn am besten im Blick. Mir ist das ganz recht, dass ich ihm nicht dauernd zeigen muss, wo es langgeht. Den Park findet er jetzt von selbst. Da konzentriere ich mich eben ganz entspannt auf die tollen Gerüche und muss ihn nicht immer durch die Gegend schleifen. Ich schaue immer mal wieder zu ihm hoch, wer weiß, wo wir jetzt wieder hingehen. Außerdem will ich natürlich keine Gelegenheit verpassen, wenn er wieder einen Happen rausrückt. Aber noch ist es nicht so weit, das sehe ich schon an seiner zielstrebigen Miene. Also mal weiter.

Wir nähern uns der Häuserecke mit den Kleinanzeigen. Da bleibt er immer eine Weile stehen. Toll, ich sehe mir mal die heutigen Neuigkeiten an und gebe meinen Senf dazu, aber allzu viel Zeit will ich hier jetzt auch nicht vertrödeln. Wir wollten schließlich in den Park, oder? Wie wärs mit ein paar Runden fliegende Ratte? Seit ich ihm diesen Trick mit dem Ball gezeigt habe, ist er mit Feuer und Flamme dabei. Ein paar Aktionen springen fast jedes Mal dabei raus, wenn wir ins Grüne gehen. Manchmal lässt er auch ein paar Leckerbissen fallen und ich mache mich auf die Suche. Und dann hat er diesen mit Futter gefüllten Beutel, das ist erst spannend! Wenn ich den aufspüre und zu ihm trage, dann macht er ihn auf und gibt mir was davon.

Mal sehen, was heute passiert. Wir kommen an die Fußgängerampel, also erst mal hinsetzen, das kenne ich schon. Diesmal springt sogar ein Happen für mich raus, hmmmh. Und weiter geht's. Ich muss sagen, ich bin recht zufrieden damit, wie sich mein Mensch so macht. Er ist gelehrig und kapiert schnell, worauf es in einem Jagdteam ankommt. Und dann ist er irgendwie erwachsener geworden. Inzwischen bugsiert er uns recht souverän durch die verschiedensten Abenteuer, muss ich sagen. Da vorne ist schon wieder was Interessantes, da kommt ein Hund mit seinem Menschen an. Ich schaue mal, ob er das schon bemerkt hat. Aha, er sieht auch in die Richtung, scheint aber ganz gelassen zu sein. Da warte ich mal ab, was jetzt kommt.

Die beiden Menschen rufen sich was zu. Klingt freundlich. Den Hund kenne ich nicht, aber er scheint ein bisschen nervös zu sein. Mal schnuppern. Da schau her, er entspannt sich. Wenn nicht, wäre es mir auch egal, ich habe ja Herrchen hier, der regelt das dann schon. Außerdem wollen wir ja weiter, also reiße ich mich los, ciao, man sieht sich. Wir biegen in die Straße zum Park ein. Super! Jetzt bloß nicht ziehen, sonst dreht er echt noch mal um. Gleich sind wir da. Hurra! Da hinten sind ein paar Hunde, aber die kann ich auch nachher besuchen. Jetzt will ich erst mal sehen, was heute mit Herrchen geboten ist. Fährtenlesen? Fliegende Ratte? Fangen?

Aha, da kommt der Ball zum Vorschein. Jetzt geht's gleich los. Ich setz mich hin und warte gespannt, bis er mich losschickt. Mal sehen, ob ich ihm nachher wieder ein paar lobende Worte oder sogar Häppchen entlocken kann. Bisher habe ich ihm schon so einiges beigebracht: Er belohnt mich fürs Hinsetzen, fürs Hinlegen, fürs Herkommen und natürlich auch fürs Abliefern des Balls. Wenn er mich ruft und ich mich sofort umdrehe und nach ihm sehe, dann bringt das auch manchmal was. Der ist fast so gelehrig wie ein Hund. Wenn ich ihm nur abgewöhnen könnte, sich morgens im Bad in dem blumigen Zeugs zu wälzen und mich dann zu knuddeln, igitt …

– Haben Sie gemerkt, wie Ihr Hund plötzlich ganz entspannt neben Ihnen herlief?

– Das kann aber nicht meiner gewesen sein. Das glaube ich einfach nicht.

– Also, das Potenzial ist bei Ihrem Hund auf jeden Fall vorhanden, da bin ich mir sicher. Und bei Ihnen übrigens auch. Sie müssen sich eben anfangs ein wenig reinhängen und mit alten Gewohnheiten brechen. Aber dann klappt das, keine Sorge.

– Tja, gewusst wie. Besonders erstaunlich fand ich, dass er im Park gar nicht mehr daran dachte, wegzulaufen. Ich hoffe, Sie verraten mir jetzt noch im Detail, wie das funktioniert.

– Sie möchten also tatsächlich etwas verändern im Umgang mit Ihrem Hund?

– Aber ja. Ich verstehe ihn ja inzwischen ein wenig besser, aber ich wüsste eben gerne ganz konkret, wie ich diese ganzen Details zum Hundedenken am besten praktisch nutzen kann. Könnten Sie das nicht noch ein wenig ausführen?

– Eine wirkliche Rezeptsammlung kann ich ihnen leider nicht dazu bieten, dafür gibt es andere Bücher, die das ganz hervorragend erklären. Und dann würde ich das auch mit einem Besuch beim Hundetrainer verbinden. Aber ich kann Ihnen ein paar Grundlagen dazu erklären, wenn Sie wollen.

– Ach, kommen Sie. Jetzt habe ich mir extra Ihr Buch besorgt, da muss ich doch nicht noch zusätzlich zum Hundetrainer, oder?

– Ich glaube, ich muss Ihnen an dieser Stelle mal ein kleines Geheimnis verraten.

Kapitel 7:
Die dunkle Seite des Hundes

– Darf ich ganz offen sprechen? So von Autor zu Leser. Oder eigentlich von Tierarzt zu Hundehalter, in diesem Fall.

– Ich bin ganz Ohr.

– Nehmen wir mal an, Ihr Hund reißt sich an einem Dorn die Pfote auf und blutet. Dann gehen Sie vermutlich gleich mal mit ihm zum Tierarzt, oder?

– Aber sicher.

– Der wird dann die Wunde abtasten, Pflanzenteile entfernen, alles schön sauber machen und verbinden. Dann zeigt er Ihnen noch, wie Sie die Pfote am besten zu Hause pflegen und neu verbinden.

– Wollen wir mal hoffen, dass es nicht passiert, aber so ähnlich würde ich mir das vorstellen, ja.

– Das Ganze kostet Sie ein paar Euro, aber dafür sind Sie sicher, dass alles möglichst reibungslos ausheilt und Ihr Hund bald wieder rennen kann.

– Na klar, das muss schon drin sein, wenn man sich einen Hund hält, oder?

– Eben. Und Sie würden kaum auf die Idee kommen, sich stattdessen ein Buch über Hundekrankheiten, Erste Hilfe oder Wundpflege zu besorgen und dann erst mal zusehen, was Sie zu Hause ausrichten können, mit dem Verbandskasten und der Wimpernpinzette, stimmt's?

    – Aber das ist doch Unfug, wer macht denn so was?

    – Warum denn nicht? Eine blutende Pfotenverletzung ist doch kein kompliziertes Problem. Da muss der Tierarzt keine ausschweifenden Differenzialdiagnosen stellen oder weiterführende Untersuchungen veranlassen, sofern der Hund ansonsten unauffällig ist.

    – Das mag ja sein, aber ich weiß doch schon mal gar nicht, wie ich den überhaupt festhalten soll. Meinem quirligen Terrier kann ich ja nicht mal Augentropfen geben, ohne dass ich hinterher das Badezimmer neu streichen muss.

    – Tja, sehen Sie: Bei einem kleinen Schnitt an der Pfote sehen alle ein, dass da ein Fachmann ranmuss. Aber wenn es um das Verhalten von Hunden geht, da trauen sich viele Halter scheinbar zu, ohne jede professionelle Hilfe und praktische Anleitung die kompliziertesten Probleme zu beheben. Der Hund geht stiften? Also kaufen sie sich ein Buch über Hundeerziehung und eine Schleppleine und schon geht's los. Aber die praktische Umsetzung kann man eben nicht so einfach aus Büchern lernen, das muss einem jemand zeigen, Fehler auswetzen, das Timing korrigieren.

    – Schleppleine? Klingt ja interessant. Was ist das denn?

    – Sehen Sie, schon rattert's bei Ihnen im Hirn und Sie hören nur noch »Hund mit Schleppleine erziehen«, während ich versuche, Sie auf die Grundlagen einzustimmen und Ihnen klarzumachen, dass man dazu auch einen guten Hundetrainer braucht, der einem die Handhabung zeigt und die kleinen Tricks verrät.

– Ja, so was in der Richtung sagten Sie schon im letzten Kapitel. Halten Sie das eigentlich für eine gute Marketingstrategie, wenn Sie Büchern jeglichen praktischen Nutzwert absprechen?

– Quatsch, natürlich sind Bücher nützlich. Nicht nur für die Grundlagen, sondern auch für Details und das tiefere Verständnis. Aber die Praxis ist eben doch noch was anderes. Sie versuchen ja auch nicht, ein Pferd durch einen Military-Parcours zu steuern, nachdem Sie ein Buch übers Reiten gelesen haben.

– Sie werden lachen, aber es soll Leute geben, die lesen ein Buch übers Schreiben und denken dann, Sie könnten ein Hundebuch aus dem Ärmel schütteln.

– Sie erwarten doch wohl nicht, dass ich auf diese lächerliche Provokation eingehe?

– Wie war das jetzt mit der Schleppleine?

– Hätte ich bloß nicht davon angefangen.

– Jetzt hören Sie schon auf, ich bin schließlich ein erwachsener Leser. Und außerdem will ich ja nur mal wissen, wie das geht, okay? Ich rufe dann schon noch bei einer Hundeschule an, großes Ehrenwort. Kriegen Sie da eigentlich Provision?

– Ich muss doch sehr bitten.

– Egal, können wir das mit der Schleppleine jetzt bitte mal im Detail besprechen?

– Sie bringen mein ganzes Konzept durcheinander.

– Hey, auf diese Weise bleiben Sie doch flexibel. Also los!

– Schnauf. Na gut, dann zeige ich Ihnen das halt mal exemplarisch, sozusagen als Beispiel, wie sich ein Problem mit dem probaten

Mittel in den Griff bekommen lässt. Aber probieren Sie das nicht zu Hause aus, ja?

– Ja doch, zum Donnerwetter!

– Also am besten, Sie sehen sich das in Aktion an. Da vorne im Garten. Aber rascheln Sie nicht in den Büschen rum.

Rottweiler Sara geht mit ihrer Besitzerin im Garten spazieren. Es ist ein großer Garten und normalerweise läuft Sara frei darin herum. Aber heute trägt sie ein Brustgeschirr und zieht eine 15 Meter lange weiße Nylonleine hinter sich her. Das andere Ende der Leine hält ihr Frauchen fest, ihre Hände schützt sie mit Golfhandschuhen. Beide schlendern scheinbar ziellos über den Rasen. Doch sobald sich der Hund mehr als zehn Meter von seinem Frauchen entfernt, ruft diese: »Sara!«

Auf diesen Zuruf dreht sich Sara bereits zuverlässig zu ihrem Frauchen um und erntet ein lobendes »Gut!«, das Aussicht auf ein Häppchen verspricht. Die Besitzerin geht in die Hocke und hält ihr die geschlossene Hand hin. Das lässt sich Sara nicht zweimal sagen. Sie läuft freudig zur Besitzerin, die sofort »Komm!« ruft, sobald der Hund sich auf sie zubewegt. Angekommen, berührt Sara mit der Nase die Hand und lässt sich am Halsband festhalten. Sofort erhält sie die Futter-Belohnung und Lob, bevor sie mit einem Händeklatschen und »Okay!« wieder loslaufen darf. Das Spiel wiederholt sich mehrere Male, zur Abwechslung gibt es ab und zu statt des Happens ein Ballspiel oder ein herzhaftes Gerangel. Hund und Halterin scheinen den Spaziergang zu genießen, trotz der langen Leine, die Frauchen mal kürzer, mal länger fasst, aber immer unter Kontrolle hält.

Sara ist ein vielversprechender Hund. Mit ihren zehn Monaten hat sie bereits gelernt, entspannt an der Leine zu gehen, Sitz und Platz klappt sowieso von klein auf, und sie ist zutraulich, freundlich und auch bei Besuch meist völlig locker. Doch jetzt scheint sie ins Flegelalter geraten zu sein. Seit einiger Zeit gibt es Probleme, wenn sie beim Spaziergang auf abgelegenen Feldwegen frei laufen darf. Sie folgt zwar grundsätzlich recht gut, aber sobald sie von der Leine darf, lässt sie sich manchmal ablenken und kommt dann auch auf Kommando nicht zuverlässig zurück. Und wenn sie in den umliegenden Wäldern Wild wittert, ist sie überhaupt nicht mehr zu bremsen. Das kommt zwar nur selten vor, doch neulich blieb sie immerhin eine halbe Stunde unauffindbar.

Das will ihre Besitzerin verständlicherweise abstellen, schon wegen der Gefahr für andere Tiere, aber auch aus Angst um ihren Hund. Aber immer nur an der Leine spazieren zu gehen, so wie sie es seit Kurzem handhaben, ist ebenfalls keine Dauerlösung. Die Besitzerin möchte bei Ausflügen ins Grüne mehr Bewegungsfreiheit, sowohl für ihren Hund als auch für sich selbst. Dass sie Sara anleint, wenn andere Hunde oder Menschen in die Nähe kommen, ist für sie selbstverständlich. Doch in freier Natur, weitab vom Trubel, möchte sie sich die Leine auch mal entspannt über die Schultern hängen und Sara nach Herzenslust toben lassen können. Aus diesem Grund hat sie sich an einen Hundetrainer gewandt, und nach dessen Anweisungen geht sie nun mit Sara im Garten auf und ab, mehrmals täglich für höchstens eine halbe Stunde.

Training mit einer langen Leine ist eine der besten Möglichkeiten, auf einen Hund auch über größere Entfernung Einfluss zu nehmen. So wie es beim Laufen an der kurzen Leine eine Lernphase gibt, in der sich der Hund daran gewöhnt, auf seinen Menschen zu achten und entspannt neben ihm her zu laufen, so brauchen Hunde auch ein wenig Zeit und Hilfestellung vom Besitzer, bis sie begreifen, was auf die Distanz von ihnen erwartet wird. Genau das ist jetzt auch Saras Problem. Sobald sie sich aus dem unmittelbaren Einflussbereich ihrer Besitzerin entfernt, ist es mit der Zuverlässigkeit vorbei.

Leider lernen viele Hunde schon von klein auf, wie sie die Zeit des freien Herumtobens im Park oder auf der Wiese am wirksamsten verlängern können: Sie ignorieren einfach den Ruf ihrer Menschen, wenn es allmählich nach Heimkehr aussieht, und laufen munter in die andere Richtung. Manchmal entwickelt sich zu ihrer Freude sogar ein lustiges Fang-Spiel daraus, das sie mit zunehmendem Alter und Geschick immer weiter auszudehnen versuchen und bald für sich entscheiden. Um jeden Zweifel auszuräumen, drohen manche Besitzer dann auch noch beim Hinterherlaufen, oder sie bestrafen den Hund, wenn er doch irgendwann in Griffweite kommt. All das vermittelt dem Hund stets das gleiche Lernziel: Sobald du von der Leine bist, meide deinen Menschen, insbesondere dann, wenn er nach dir ruft. Die Rückkehr mit etwas Unangenehmem zu verbinden, ist die sicherste Methode, sich einen unzuverlässigen Hund heranzuziehen: Egal wie brav und folgsam er an der Leine erscheinen mag, frei laufend wird er bald völlig unkontrollierbar sein.

Saras Frauchen hat diese Fehler tunlichst vermieden, aber sie hat es auch versäumt, ihr schon von Anfang an die Vorzüge des Heranrufens näherzubringen. Idealerweise sollte dieses Training im Welpenalter beginnen und dazu führen, dass der Hund auf seinen Besitzer achtet, egal ob er an der kurzen Leine läuft oder über die Wiese tollt. Dass es bisher mit Sara keine Probleme gab, lag vermutlich daran, dass sie noch nicht das nötige Selbstbewusstsein entwickelt hatte, um sich auf eigene Faust auf Entdeckungsreise zu begeben. Doch inzwischen ist alles andere interessanter als Frauchen und Sara droht sich ihre Privilegien des freien Auslaufs für immer zu verscherzen.

Um diese Gefahr zu bannen, muss der Hund zunächst zweierlei lernen: erstens, dass sich Herkommen von nun an jedes Mal lohnt, und zweitens, dass Weglaufen nicht mehr möglich ist. Die Schleppleine kann den zweiten Punkt wirksam durchsetzen, aber wichtiger ist der erste. Und dazu dient das Training mit dem Zuruf, der Annäherung und der Belohnung. Auf diese Weise gewöhnen sich Hunde rasch daran, auf ihren Namen zu achten und sich auf Zuruf zu ihrem Besitzer umzusehen – die wichtigste Voraussetzung dafür, ein Fehlverhalten auf Distanz korrigieren zu können. Indem der Besitzer die Aufmerksamkeit des Hundes kontrolliert, verlagert er dessen Konzentration von den spannenden Aktivitäten in der Umgebung auf sich und das Mensch-Hund-Team. Bevor das nicht klappt, wird auch eine Schleppleine nicht viel mehr ausrichten als ein Gartenzaun.

Ziel ist, dass der Hund auch von weiter weg den Bezug zu seinem Besitzer nicht verliert, sondern vielmehr stets auf ihn achtet und auf dessen Anweisungen prompt reagiert. So, wie er Kommandos befolgt, wenn der Mensch direkt vor ihm steht, soll er das auch tun, wenn dieser weiter weg ist. Reagiert er dann ebenfalls zuverlässig auf »Sitz!«, »Platz!« oder »Bleib!«, lässt sich in Gefahrensituationen oder bei drohendem Ausbüxen der Impuls für das Fehlverhalten sofort unterbrechen. Das erfordert vor allem anfangs und in der Pubertät aufmerksames Beobachten und sofortiges Reagieren. Aber wenn die Kommandos sitzen, genügt oft schon ein Ruf, um den Hund zu stoppen und das Schlimmste zu verhindern, sprich, hinzugehen und den Hund kommentarlos anzuleinen, falls er doch nicht kommt. Damit ist die akute Gefahr gebannt und der Freilauf verliert seine Schrecken.

Das Problem dabei ist allerdings, dass manche Reize so stark sind, dass der Besitzer allein mit Futter oder sonstiger Belohnung kaum dagegen ankommt. Wenn ein Eichhörnchen vor dem Hund über den Waldweg rast, dann ist sein Jagdimpuls sehr wahrscheinlich stärker als sein Wunsch, es uns für ein paar Leckerlis recht zu machen und auf Zuruf zurückzukommen. Dabei darf man aber nicht vergessen, dass eine fröhliche Jagd auf ein Eichhörnchen oder auch ein größeres Beutetier zunächst einmal ein völlig natürliches Verhalten für einen Hund ist.

Unsere Spaziergänge im Wald sind für uns vielleicht entspannend und erholsam, für unseren Hund sind sie das reinste Aufputschmittel. Die Gerüche, die Fährten, das Rascheln hinter den Büschen sind für ihn nichts anderes als der Auftakt zu jener angeborenen und tief verankerten Impulskette, die wir schon beim Wolf kennengelernt haben und die dort im Reißen der Beute gipfelt. Auch wenn sich Letzteres bei den meisten Hunderassen nur in stark abgeschwächter Form erhalten hat, so sind zumindest die Vorstufen in der einen oder anderen Weise vorhanden und üben einen starken Reiz auf den Hund aus.

Beim Verfolgen, Hetzen oder Anspringen von bewegten Zielen amüsieren sich viele Hunde so sehr, dass der Spaß dabei größer ist als bei irgendeiner anderen Belohnung, die wir ihnen bieten könnten. Das Verhalten verstärkt sich dadurch von selbst und der Hund feuert sich sozusagen innerlich selbst an, auch wenn er nicht wirklich etwas dabei fängt. Er hat eine neue, spannende Beschäftigung entdeckt und will sie bei jeder sich bietenden Gelegenheit nach Herzenslust auskosten. Aus diesem durchaus verständlichen Grund sind Hunde, die bereits mehrmals aufregende Jagderlebnisse hatten, nur sehr schwer wieder davon zu kurieren. Das klappt nur, wenn der Besitzer in Zukunft jedes Jagderlebnis wirksam und konsequent verhindert und gleichzeitig Alternativen dazu bietet, die den Hund in ähnlicher Weise belohnen.

Die beste Aussicht auf Erfolg hat daher ein Erziehungsprogramm, das neben den steten Belohnungen fürs Herkommen und der Schleppleine gegen das Weglaufen auch eine großzügige Dosis Jagdspiele und Bewegung enthält. Das hat zusätzlich den nützlichen Nebeneffekt, dass dem Besitzer ein Mittel zur Verfügung steht, um die Aufmerksamkeit seines Hundes ebenso wirksam zu fesseln wie eine sich bietende echte Jagdgelegenheit es täte. Anstatt allein im Unterholz zu verschwinden, tollt der Hund dann idealerweise mit seinem Menschen über die Wiese, schnappt nach einem Spielzeug, das an einer Schnur durch die Luft saust, und rennt mit Begeisterung Bällen und Frisbees hinterher.

Wenn das dann gut klappt, sind schließlich alle zufrieden – der Hund, weil er mit seinem Menschen mindestens denselben Spaß hat wie vorher allein; der Mensch, weil er sich auf seinen Hund verlassen kann und seine eigene Führungsrolle souverän ausbaut; und Hasen, Hirsche und Jogger, weil sie ungestört ihre Runden drehen können. Um dort anzukommen, ist je nach Hund etwas mehr oder weniger Geduld nötig, aber das Prinzip bleibt stets das Gleiche: Der Mensch ist das spannende Zentrum, um das sich der gemeinsame Ausflug dreht. Er bietet immer wieder Futterbelohnungen, Spielgelegenheiten und interessante Erkundungen an. Die Verlockungen im Unterholz werden immer uninteressanter und sind ohnehin unerreichbar. Das Ergebnis rechtfertigt meist den Aufwand, selbst wenn man dazu auf Spaziergängen anfangs sehr achtsam und aktiv sein muss und monatelang ausschließlich mit Schleppleine unterwegs ist.

Saras Frauchen ist jedenfalls fest entschlossen, aus ihrem Hund einen zuverlässigen und loyalen Begleiter zu machen, und dank der Betreuung durch ihren Hundetrainer ist sie auf dem besten Weg dazu. Dass Sara in Sachen Jagdausflüge noch am Anfang steht, erleichtert die Sache natürlich. Dennoch muss ihre Besitzerin sichergehen, dass sie nicht mehr ausreißt und womöglich noch intensiver daran Gefallen findet. Beim anfänglichen Training im Garten lernt Frauchen, mit der langen Leine umzugehen, und gewöhnt Sara gleichzeitig daran, intensiv auf sie und ihre Signale zu achten.

Doch die Stunde der Wahrheit schlägt beim nächsten Spaziergang am Waldrand. Inzwischen folgt Sara ihrem Frauchen bei Richtungswechseln und kommt zuverlässig angelaufen, selbst wenn sie gute zehn Meter entfernt ist. Doch bei den bisherigen Übungen im Garten gab es kaum Ablenkungen. Wenn Sara allzu interessiert am Boden schnupperte und das Kommando von Frauchen zu ignorieren drohte, reichte ein leichtes Schütteln der langen Leine, und sie erinnerte sich wieder daran, was mit »Komm!« gemeint war. Wollte sie selbst dann nicht kommen, ging Frauchen einfach wortlos zu ihr und nahm sie wieder an die kurze Leine. Bald hatte sie gelernt, dass Aufmerksamkeit und Folgsamkeit erstens mit Lob und Futter belohnt wurden und ihr zweitens mehr Freiheit einbrachten, denn anschließend konnte sie sofort wieder losstöbern.

Dieses Prinzip setzt sich nun auch im Grünen fort. Der Spaziergang wird zum intensiven Dialog zwischen Frauchen und Hund – aufgelockert mit Spielen. Dabei zieht Sara die Schleppleine die meiste Zeit hinter sich her. Im vollen Lauf hier im Freien wäre es nicht möglich, Saras Gewicht mit den Händen festzuhalten, trotz der Golfhandschuhe. Jetzt muss im Ernstfall der Fuß auf die Leine, und zwar in festem Schuhwerk. Für den Anfang haben sich die beiden ein ruhiges Fleckchen gesucht, ohne Jogger oder andere Spaziergänger mit Hunden. Der nahe Wald bietet bereits genug Verlockungen. Doch diesmal ist Saras Frauchen aufmerksam und gewappnet. Der Trainer hat sie ein paarmal begleitet und ihr gezeigt, wie sie sich im Ernstfall verhalten muss.

Plötzlich ist es so weit. Saras Interesse scheint auf einen Schlag gefesselt von etwas Unsichtbarem hinter der grünen Kulisse aus Büschen und Sträuchern. Sofort kommt der Ruf »Sara!«, doch sie reagiert nicht, obwohl sie keine zehn Meter entfernt ist. Ihr Frauchen steigt im selben Moment auf die Leine, in dem Sara losrennt. Nach ein paar Metern strafft sich die Schleppleine und der Hund rennt in seinem Brustgeschirr in einen vollen Stopp. Noch bevor Sara begriffen hat, was da soeben geschah, ist Frauchen schon wieder in der Hocke und ruft ihren Namen. Diesmal blickt sie sich um und kommt umgehend angelaufen. Lob und Belohnung folgen, als sei nichts weiter geschehen. Die beiden toben ein wenig gemeinsam herum, dann geht der Spaziergang weiter wie zuvor. So muss von nun an jeder Ausbruchs- und Jagdversuch des Hundes enden. Kommt Sara selbst nach dem plötzlichen Stopp der Leine nicht auf Zuruf, geht ihr Frauchen eben hin und leint sie wie gehabt wortlos an.

Die Erziehung mit der Schleppleine birgt durchaus Gefahren. Sowohl Mensch als auch Hund können sich dabei verletzen, wenn sie falsch angewandt wird. Um dem Hund nicht zu schaden, muss ein Brustgeschirr die Wucht des Aufpralls über den Rumpf verteilen. Halsbänder sind für die Schleppleine ungeeignet. Selbst kleine Hunde lassen sich mit den Händen nicht halten, wenn sie im vollen Lauf die Leine straffen. Deshalb ist das oberste Gebot, beim Weglaufen stets nur mit dem Fuß die Leine zu fixieren, niemals mit den Händen. Handschuhe sind trotzdem Pflicht, denn der Hund kann auch durchstarten, während wir die Leine in Händen halten, und das kann schmerzhafte Brandwunden verursachen. Ebenso ist festes Schuhwerk nötig. Und natürlich können sich Hund und Halter beim Spielen in der Leine verheddern oder andere Hunde und Spaziergänger unabsichtlich fesseln. Aber gesunder Menschenverstand und ausreichend Übung an einem ruhigen Plätzchen sollten eigentlich das Schlimmste verhindern.

Wägt man Vorteile und Gefahren ab, dann ist die Schleppleine bei umsichtiger Anwendung ein sehr sinnvolles Mittel, um den Hund sofort und anonym spüren zu lassen, dass sein Fortlaufen unangeneh-me Folgen hat. Anonym deshalb, weil der Hund physikalische Zusammenhänge nicht so weit begreift, dass er den Stopp der Leine unmittelbar mit uns in Verbindung bringen würde. Das gilt insbesondere, wenn wir dabei die Füße nutzen und ansonsten gegebenenfalls nur ganz sanft an der Leine zupfen, um seine Aufmerksamkeit zu erlangen. Wenn wir nun diese Kombination aus anonymer Korrektur des Fortlaufens und positiver Verstärkung des Näherkommens konsequent anwenden, dann erreichen wir, dass der Hund sich immer weniger von seiner Umgebung ablenken lässt und immer zuverlässiger auf unser Kommando reagiert.

Wie rasch das geht, hängt vom Einzelfall ab, aber um einem Hund wirklich zuverlässig jegliches Ausbüxen abzugewöhnen, empfehlen die meisten Trainer, die Schleppleine ein Jahr konsequent, also bei jedem Spaziergang, einzusetzen. Schließlich will man keinen Ausrutscher riskieren, der dem Hund Hoffnungen macht, dass sein Aktionsradius sich doch gelegentlich erweitern könnte. Am zuverlässigsten wirkt die Methode, wenn der Hund zusätzlich geistig und körperlich seinen Fähigkeiten und Vorlieben entsprechend gefordert wird. Das hängt auch von der Rasse ab, wie wir noch sehen werden. Retriever sind beispielsweise oft von Apportier-Spielen begeistert, Terrier von Hetz- und Beutefang-Spielen oder Laufhunde von Such- und Fährten-Spielen. Wer seinen Hund besser kennenlernen will, der probiert mit ihm am besten mehrere Möglichkeiten aus. Dann wird sich rasch zeigen, wo seine Leidenschaften liegen.

– So, jetzt haben Sie mal gesehen, wie so was ablaufen könnte. Ein motivierter Mensch mit klarem Erziehungsprogramm und Führungsqualität, dazu die richtige Ausrüstung und tägliches Üben, dann klappt das. Aber Sie haben sicher bemerkt, dass auch hier ein Hundetrainer beteiligt war, der sich das Ganze erst einmal angesehen und dann die einzelnen Maßnahmen vorgeschlagen und genau erklärt hat.

– Toll, diese Hundetrainer. Ich frage mich, was wir überhaupt jahrtausendelang ohne die gemacht haben. Ich meine, wenn ich an meine Großeltern denke, die hatten einen Bauernhof und einen Hofhund, und der kam mit Hühnern und Kühen und Katzen zurecht, ohne dass ihn jemals ein Hundetrainer auch nur von Weitem gesehen hätte.

– Jaja, die gute alte Zeit, da waren die Hunde noch treu und brav und auch viel gesünder, obwohl sie sich nur von Kartoffeln und Kuhfladen ernährten, und wenn der Besitzer starb, dann liefen sie jeden Tag zum Friedhof, die Blümchen gießen. Ach, kommen Sie …

– Nein, ganz im Ernst. Ich kenne mindestens ein Dutzend Hundehalter, die regelmäßig in die Hundeschule gehen oder sich zu Hause coachen lassen oder irgendwelchen Hundesport treiben. Heute können Sie Hundetrainern sogar im Fernsehen bei ihrer Arbeit zu sehen. Das ist doch alles nur ein ganz aktuelles Phänomen.

– Ja, weil heute die Medien viel mehr Nischen bedienen. Wenn Sie gerne Bärlauch-Wickerl kochen, dann gibt's dazu heutzutage extra ein Programm vom Sternekoch. Und wenn Sie ihr Hund aufs Klo verfolgt, dann erklärt Ihnen eben ein Hundetrainer, was da falsch läuft. Aber Probleme mit dem Verhalten von Hunden gab es schon immer, auch zu den Zeiten unserer Großeltern, wenn Sie mich fragen. Nur waren sie da vielleicht weniger störend, weil Hunde eben einfach mehr Freiheiten hatten, weil sie den ganzen Tag im Garten oder Hof rumlaufen konnten, weil ihre Rolle einfach klipp und klar festgelegt war. Heute sind Hunde mit viel komplizierteren Anforderungen konfrontiert und haben gleichzeitig kaum noch Freiraum.

– Ach ja? Das müssen Sie mir erklären.

– Na, die sollen funktionieren wie ein echter Sozialpartner. Mit Rechten und Pflichten und charakterlichem Anspruch. Dabei vergessen viele Hundehalter leider, dass Hunde so eine Rolle gar nicht ausfüllen können. Wenn wir Hunden ständig Entscheidungen aufbürden, anstatt sie souverän zu führen, dann übernehmen sie eben das Kommando und zeigen uns stattdessen, wie Hund souverän führt.

– Und dann lassen sie uns nicht mehr aufs Sofa?

– Nun, wenn es so weit gekommen ist, dann sieht hoffentlich jeder ein, dass es höchste Zeit ist, was zu unternehmen. Dann darf man auch nicht mehr mit Selbsthilfe rumexperimentieren, das ist einfach zu gefährlich. Sobald ein Hund seinem Halter oder einem Familienmitglied gegenüber aggressiv wird, muss dringend ein Profi ran. Aber das geht ja nicht immer so dramatisch ab, wenn Hunde das Kommando im Haus übernehmen. Oft ist das sogar recht subtil.

– Also eher schlechte Manieren, Unfolgsamkeit, Bellen?

– Ja, das kommt ganz auf das Zusammenspiel von Hund und Besitzer an, wie der Hund da die Führungsrolle gestaltet. Diese Rolle ist übrigens keineswegs das, was Hunde bevorzugen. Die wollen gar nicht an die Rudelspitze, wie das vielleicht Wölfe anstreben. Hunde wollen einen stabilen Platz in einer Umwelt, die kalkulierbar ist, ohne allzu starr und damit langweilig zu sein. Dazu brauchen sie zunächst einmal Grenzen und Rituale, die verlässlich und konstant sind, Spielregeln, die sie auswendig lernen und befolgen können, ohne dauernd nachdenken zu müssen. Wenn wir dann als Frauchen oder Herrchen noch Neues bieten und dabei Führungsqualitäten zeigen, ist alles im Lot: Der Hund lehnt sich zurück, gibt den interessierten Beifahrer und hält die Schnauze. Aber wehe, wenn wir herumschlingern oder den Hund dauernd fragen, wo er hinwill, oder womöglich selbst hinten einsteigen und erwarten, dass er weiterfährt … Tja, dann haben wir über kurz oder lang ein Problem, verstehen Sie?

    – Also soll ich meinen Hund dauernd unterbuttern, um ihm zu zeigen, dass ich der Chef bin?

    – Nein, das wäre doch genau das Gegenteil von souveräner Führung. Wenn Sie Ihren Hund dauernd ankeifen und mit heftigem Leinenruck und vielleicht sogar Schlägen in ständigen Schrecken versetzen, damit er Sie als Leitwolf anerkennt, dann fallen Sie ins andere Extrem, und das ist weder für Sie noch für Ihren Hund angenehm.

    – Da bin ich ja beruhigt. Das würde mir ohnehin nicht liegen.

    – Ja, das hatten wir ja schon mal angesprochen. Dann pariert er nämlich nur in einem rein praktischen Sinn, aber Sie laufen Gefahr, dass er durch den ständigen Stress alle möglichen Macken und Neurosen entwickelt, von Stubenunreinheit über Zerstörungswut bis hin zu Angst oder Aggressivität, die Sie dann nur noch schwer in den Griff bekommen, weil zwischen Ihnen und dem Hund die Vertrauensbasis völlig fehlt.

    – Aber wie soll das dann funktionieren mit der souveränen Führung?

– Tja, dazu müssen wir ein bisschen was von dem wiederholen, was wir inzwischen über das Denken des Hundes wissen. Dann dürften Sie auch schnell einsehen, was die Führungsqualitäten eigentlich sind, die Hunde zu Recht von uns erwarten. Am besten fangen wir mal wieder mit einem praktischen Beispiel an. Ein Hundebuchautor beschreibt das recht gut und ich gebe das hier mal leicht abgewandelt weiter.

Die zwölf Wochen alte Sheila ist zum ersten Mal in einer Welpen-Spielgruppe. Sie ist ein Shetland Sheepdog und entsprechend zurückhaltend in ihrem Wesen. Anfangs beobachtet sie die im Grünen herumtobenden Welpen von der sicheren Warte zwischen den Beinen ihres Besitzers aus. Immer wieder kommen einige der anderen Hunde angelaufen und schnuppern interessiert an ihr. Sie bleibt dabei ruhig, auch wenn man ihr die Anspannung anmerkt. Doch nach einiger Zeit wird es ihrem Besitzer zu bunt. Schließlich ist er nicht hergekommen, um den anderen Welpen beim Spielen zu zuzusehen, während er sich mit seinem eingeschüchterten Hündchen blamiert. Eigentlich sollte Sheila sich mit den anderen Hunden auseinandersetzen, sich mit ihresgleichen sozialisieren.

Er hebt sie hoch und trägt sie mitten ins Geschehen, wo sich einige gut genährte Junghunde gerade zu einem sich überschlagenden Knäuel formieren. Kaum sitzt Sheila zwischen ihnen auf dem Boden, stürzt sich einer davon voller Tatendrang auf den Neuankömmling und drückt sie nieder. Ein anderer zwickt sie im Übermut in die Hacken. Sheila winselt erschrocken auf und versucht, zu Herrchen zurückzulaufen, der sich wieder an den Spielfeldrand begeben hat. Doch da ist schon der dritte Halbstarke hinter ihr her und bügelt sie von der Seite nieder.

Der Besitzer sieht dem Ganzen mit etwas mulmigem Gefühl zu, aber er hat gehört, Hunde müssten das unter sich ausmachen, ihre Kräfte messen und erst mal die Rangfolge klären. Danach würden sie dann umso reibungsloser miteinander spielen.

Zum Glück ist die Leiterin der Welpengruppe rasch zur Stelle und hält Sheila die anderen Hunde vom Leib, bevor sie ihren Besitzer herbeiruft und ihn dazu auffordert, sich mit Sheila zunächst abseits zu beschäftigen. Als sich Sheila etwas beruhigt hat, geht sie selbst mit einem der ruhigeren Welpen zu ihr hinüber und sorgt dafür, dass sich die beiden Hunde entspannt etwas näherkommen. Und siehe da, jetzt ist auch Sheila bereit, sich darauf einzulassen. Sie schnüffelt intensiv an ihrem Artgenossen und beginnt sogar mit kleineren Spielsequenzen.

Währenddessen erklärt die Leiterin dem verdutzten Besitzer, was da soeben ablief: Sheila hatte in ihrer ersten Auseinandersetzung mit den fremden Welpen urplötzlich die sichere Rückendeckung ihres Besitzers verloren. Gleichzeitig wurde sie von den anderen Welpen in Halbstarken-Manier angepöbelt und hatte Schwierigkeiten, sich dem zu entziehen. Das hat nichts mit Unterordnung oder Rangfolge zu tun. Ließe man den Dingen auf diese Weise ihren Lauf, dann bestünde die Gefahr, dass Sheila bald den Umgang mit anderen Hunden angstvoll meidet oder – noch schlimmer – sich mit aggressivem Verhalten wehrt. Lässt man sie hingegen behutsam und in sicherer Atmosphäre die ersten Kontakte knüpfen, dann stehen die Chancen auch für einen eher vorsichtigen Hund gut, sich bald in die Spielgruppe zu integrieren.

Der erste Schreck dürfte bald vergessen sein. Doch viel größer ist die Gefahr, die durch den Vorfall dem Verhältnis zwischen Sheila und ihrem Besitzer droht. Im Gegensatz zu ihm war das für sie nicht etwa ein gut gemeinter Wurf ins kalte Wasser, für den sie womöglich sogar dankbar ist, sobald sie erst einmal zu schwimmen gelernt hat. Für Sheila droht ihr Mensch als Führungskraft zu versagen. Die Sicherheit und Loyalität, die sie bisher mit ihm verband, hat einen ersten Knacks bekommen. Würde sie auf diese Weise regelmäßig im Stich gelassen, dann würde sie bald lernen, dass sie in Krisensituationen auf sich allein gestellt ist.

Ihr Besitzer hat jedoch glücklicherweise eine Spielgruppe unter kompetenter Führung gewählt und ein offenes Ohr für die Erklärungen der Leiterin. Er gelobt Besserung und hat schon bald dazu Gelegenheit. Beim Spaziergang im Park trifft er eine Bekannte, die ihn zum ersten Mal mit seiner neuen Hündin erlebt. Sie kommt freudestrahlend auf ihn zu und schwärmt schon von Weitem in höchsten Tönen über die süße Sheila. Die ist bei Menschen jedoch ähnlich reserviert wie bei anderen Hunden und sieht erst mal zweifelnd zu ihrem Herrchen auf. Der Besitzer ist jetzt gewarnt und übernimmt souverän das Krisenmanagement.

Seiner Bekannten, die bereits mit stierem Blick auf Sheila zumarschiert, fängt er die ausgestreckte Hand zu einem herzhaften Begrüßungsschütteln ab. Dann erklärt er ihr, mit welch sensiblem Hund er sich da eingelassen hat, und geht in die Hocke, um Sheila mit beiden

Händen an Kopf und Brust zu kraulen. Die Bekannte steht entzückt daneben, hat aber dadurch erst mal keinen Zugriff. Bevor sie sich den verschaffen kann, erklärt er rasch, dass sich die Kleine noch nicht so gerne anfassen lässt, und fragt, ob die Bekannte es einmal vorsichtig versuchen möchte. Dann nimmt er nur die vordere Hand weg, sodass der Hund nur an der Brust oder unter dem Kinn gestreichelt werden kann – eine weniger bedrohliche Geste als der Zugriff von oben.

Jetzt akzeptiert Sheila die Berührungen der Fremden und beginnt, sich zu entspannen. Ihr Besitzer hat ihr gezeigt, dass er für die Kontaktaufnahme zuständig ist und dass er ihre Befindlichkeiten beherzigt. Dazu ist es natürlich nötig, sie genau zu beobachten und einzuschätzen. Er macht das, was in einer Hundefamilie die Eltern tun würden: Er initiiert soziale Kontakte, sondiert das Terrain, bestimmt die Richtung, bietet aber auch Schutz und Rückzugsmöglichkeiten, falls nötig. Wenn alles weiterhin gut läuft, wird das Verhalten ihres Herrn Sheila Sicherheit geben und ihr ersparen, sich künftig schon vorsorglich verteidigen zu müssen und nahende Spaziergänger und Bekannte bereits von Weitem zu verbellen.

Natürlich hat jeder Hund sein eigenes Temperament, seine Vorlieben und Macken, sein dickes Fell oder zartfühlendes Wesen. Manche sind ängstlich veranlagt, andere draufgängerisch, wieder andere gutmütig, cholerisch oder misstrauisch. Jeder braucht seine spezielle Mischung aus förderndem Ansporn und sanftem Bremsen. Unsere Aufgabe als Hundehalter besteht darin, unsere Hunde so gut wie möglich kennenzulernen, zu versuchen, sie zu verstehen und auf ihre Körpersprache zu achten, und uns dann auf sie einzulassen, in authentischer und aufrichtiger Weise. Dann können wir uns auch einmal Fehler erlauben, ins Erziehungs-Fettnäpfchen treten oder übertrieben reagieren. Wichtig ist, dass uns ein wohlwollendes Vertrauensverhältnis mit unserem Hund verbindet – und wir den Willen haben, souverän zu führen.

Und das heißt nicht nur, als Vorbild ruhig und beherzt mit Konflikten und Krisen umzugehen. Das heißt auch, einen fordernden Hund in seine Schranken zu weisen. Vor allem junge halbstarke Hunde stellen unsere Geduld öfter mal auf die Probe. Führung bedeutet dann vor allem, Grenzen zu setzen und Spielregeln aufzustellen. Wie wir das anstellen, ist eine Frage des persönlichen Stils und gegebenenfalls der Philosophie unseres jeweiligen Hundecoaches. Manche setzen auf Hundesprache und knurren den Übeltäter lieber an, als sich den Mund mit tadelnden Worten fusselig zu reden. Andere geben klare, prägnante Kommandos und verleihen denen auch mal mit einem Schnauzengriff oder Hüftschwung Nachdruck. Manche nutzen auch gerne die Strategie der Ablenkung und unterbrechen unerwünschtes Verhalten mit einer alternativen Beschäftigung.

Wichtig ist, dass wir dranbleiben und dem Hund konsequent klarmachen, was wir an seinem Verhalten gut finden und was nicht. Wenn er anfängt, an der Leine zu ziehen, dann wechseln wir sofort die Richtung; wenn er brav neben uns herläuft, bekommt er eine Belohnung. Bettelt er am Tisch, schicken wir ihn auf seinen Platz; bleibt er dort liegen, belohnen wir ihn am Ende des Mahls mit einem Happen in seinem Napf. Das Prinzip ist klar, aber wie so oft steckt der Teufel im Detail.

Das beginnt schon damit, dass vielen Hundehaltern oft gar nicht klar ist, was sich hinter manchen Hundemarotten verbirgt. Verfolgt er uns auf Schritt und Tritt durch die Wohnung, dann sind wir gerührt von so viel Anhänglichkeit. Aber wenn wir das einem Hundetrainer erzählen, dann wird er uns schnell die ernüchternde Erkenntnis verschaffen, dass unser Hund nicht anhänglich ist, sondern ein Kontrollfreak. Er lässt uns nicht aus den Augen, weil er das Gefühl hat, der Chef im Haus zu sein, der die Fäden in der Hand hält. Er passt auf, dass wir keinen Unfug treiben und er keine lohnende Aktion verpasst.

So etwas passiert, wenn der Hund permanent mit Entscheidungen konfrontiert ist und sein forderndes Verhalten häufig belohnt wird. Er stupst uns an und bekommt seine Streicheleinheiten, er winselt und kriegt ein Scheibchen Wurst, er kratzt an der Tür und wir gehen mit ihm raus. Natürlich soll der Hund genügend Auslauf bekommen, keine Frage, und er soll sich auch regelmäßig lösen können. Aber erstens nicht jede halbe Stunde und zweitens auf unsere Anregung hin, nicht auf seine, funktionierende Blase und Stubenreinheit einmal vorausgesetzt.

Und genau das machen viele Halter falsch. Sie reagieren permanent auf ihren fordernden Hund, der bald nicht mehr weiß, was er noch an Wohltaten einfordern könnte, bis endlich mal irgendwo eine Grenze auftaucht. Gemeinerweise platzt den Besitzern dann aber doch irgendwann der Kragen und es setzt ein unverhältnismäßig heftiges Donnerwetter. Psychologen nennen das »Rabattmarken sammeln«: Jedes Mal, wenn mir etwas gegen den Strich geht, beherrsche ich mich und klebe dafür eine Rabattmarke in mein geistiges Sammelheft. Wenn es voll ist, löse ich es mit einem gigantischen Wutausbruch ein, den der sprichwörtliche Tropfen gar nicht verdient, der das Fass zum Überlaufen gebracht hat.

Unsere Mitmenschen mögen unter so etwas leiden oder auch ihr eigenes Rabattmarkenheft führen. Meistens können sie uns aber doch verstehen und warten einfach, bis das Gewitter vorüber ist. Hunde hingegen fallen aus allen Wolken, weil sie ja bisher bestenfalls milden Tadel für etwas geerntet haben, das jetzt plötzlich mit heftigster Strafe geahndet wird. Das verunsichert sie mindestens ebenso wie die Tatsache, dass sie am Tisch mal etwas abbekommen und mal nicht. Als Folge akzeptieren sie ihre Umwelt als wechselhaft und unbeständig und schaffen sich selbst die nötigen Konstanten in ihrem Leben: Sie erziehen ihre Menschen, die sie mit permanentem Nerven bald sicher und zuverlässig in den Griff bekommen.

Hat man dieses Prinzip einmal durchschaut, ist die Lösung ebenso einfach wie naheliegend. Es reicht, wenn wir unseren Hunden das geben, was sie sich ansonsten einfach nehmen, ohne uns zu fragen: ein konstantes, berechenbares Umfeld, in dem wir nur Verhalten belohnen, das wir auch auf Dauer tolerieren wollen. Die berüchtigte Konsequenz in der Hundeerziehung ist gefragt, und zwar bei allen Mitgliedern eines Haushaltes. Nur wenn alle an einem Strang ziehen, können wir das Verhalten unseres Hundes wirksam beeinflussen.

Gleichzeitig müssen wir unsere Führungskompetenz ausbauen und selbst die Entscheidungen treffen, die ansonsten unser Hund für uns übernehmen würde. Streicheleinheiten gibt es nur auf unsere Initiative hin, ebenso Spielzeug und Aktion. Will er aufs Sofa, schicken wir ihn stets zurück auf seinen Platz. Futter geben wir nur zu festen Zeiten und räumen dann auch die Reste wieder weg. Steht es ganz schlecht mit der Hundedisziplin im Haus, dann hilft vorübergehend auch eine reine Fütterung aus der Hand, bei der der Hund für jeden Happen etwas ausführt – Sitz, Platz, Komm – oder aber nach seinem Futter suchen muss.

Und noch etwas wirkt bei praktisch allen Renitenzproblemen zumindest unterstützend: Viel Auslauf und Beschäftigung. Nur bei gesundheitlichen Schäden, die dem im Weg stehen könnten, sollte man darauf verzichten. Aber ansonsten gilt, dass ein Hund umso besser zu handhaben ist, je mehr Bewegung er zusammen mit seinem Menschen hat. Das kommt einerseits durch die schiere Müdigkeit in Verbindung mit den Glückshormonen, die bei der Bewegung ausgeschüttet werden. Andererseits stärken wir durch die gemeinsame Aktivität die Bindung an unseren Hund und nutzen idealerweise auch die vielen sich bietenden Möglichkeiten, unseren Führungsanspruch auch außerhalb des Hauses zu demonstrieren.

Dazu wechseln wir öfter mal die Richtung und die Route, bestimmen, wann ein Ballspiel startet, und fordern den Hund statt mit sturem Apportieren mit abwechslungsreichen Varianten. Dazu wird der Ball mal versteckt, mal sind es zwei, mal hängt er an einer Leine. Wir lassen uns etwas einfallen, machen uns dadurch interessanter und übernehmen die Initiative. Im Einzelnen hilft da wie gesagt ein Hundetrainer weiter oder eines der vielen Sachbücher zur Erziehung und Beschäftigung von Hunden.

Ein Gespür für den Hund bekommen wir am ehesten, wenn wir uns mit ihm beschäftigen, uns für ihn interessieren, seine Gedanken zu lesen versuchen und in seine Welt eintauchen. Wenn wir dann noch ausreichend Zeit investieren, um ihm schon von Welpenbeinen an alles Wichtige zu vermitteln, dann haben wir gute Chancen auf eine langjährige und erfüllende Mensch-Hund-Beziehung.

– Ich wusste gar nicht, dass man so viel falsch machen kann im Umgang mit Hunden.

– Von wegen, das war ja nur die Spitze des Eisbergs. Sie würden staunen, wenn Sie mal ein paar Tage mit einem Hundetrainer zu Hausbesuchen unterwegs wären. Da kommen Sachen zum Vorschein, die glauben Sie gar nicht. Aber eigentlich reicht es ja schon, mal auf der Hundewiese herumzufragen, wer welche Sorgen mit seinem Hund hat. Da tun sich Welten auf.

– Eher Abgründe, würde ich sagen.

– So, damit wären wir dann so ziemlich am Ende des Kapitels. Sie wissen, ich bin kein Verhaltenstherapeut und auch kein Hundetrainer. Also betrachten Sie all meine Ausführungen zur Erziehung von Hunden bitte mit der nötigen Skepsis. Abgesehen davon ist ja auch jedes Mensch-Hund-Team anders und vieles kann man einfach nicht verallgemeinern. Aber trotzdem hoffe ich, dass Sie einen ersten Eindruck davon bekommen haben, was manchmal schiefläuft – und vor allem, wie toll es sein könnte, wenn man sich ein wenig reinhängt und versucht, das zu verbessern.

– Ich würde gerne gleich mal mit meinem Jack-Russell-Terrier anfangen. Jetzt weiß ich ja, was ich da alles falsch gemacht habe. Sie kennen nicht zufällig einen guten Coach?

– Hey, Sie wollen doch nicht wirklich einen Hundetrainer aufsuchen?

– Doch, natürlich, wo Sie das doch so wärmstens empfehlen. Ich meine, mein Hund ist doch ein prima Kandidat dafür, so wie der an der Tür tobt und an der Leine zieht.

– Ja, da würde ich an Ihrer Stelle wirklich mal einschreiten. Wissen Sie was, wenn Sie wollen, dann vermittle ich Sie an einen Kollegen, der sich Ihres Falles annimmt. Der ist ein wenig eigenwillig, das werden Sie vielleicht merken, aber als Hundetrainer ist er fabelhaft. Wollen wir das mal versuchen?

– Gerne. Wann kann's los gehen?

– Hier, gleich im nächsten Kapitel.

Kapitel 8:
Der Rexorzist

Ich fuhr nach langer Zeit mal wieder aufs Land raus, das hob meine Stimmung. Seit ich keine eigene Tierverhaltenspraxis mehr führe, treffe ich meine Klienten fast alle in der Stadt – in ihrer Wohnung oder auf dem Hundeplatz. Das ist einfacher für mich und erspart mir die Mühe, ein Büro mit festen Öffnungszeiten zu unterhalten. Ich warte auf Anrufe, vereinbare einen Termin und fahre los.

Diesmal war es ein alter Studienkollege, darum machte ich die Ausnahme mit den 50 Kilometern Landstraße. Aber es war mir wie gesagt ganz recht. Als die ersten Felder auftauchten, kurbelte ich das Autofenster runter und sog die Luft ein. Es war Anfang März, zwischen den Ackerfurchen lag noch Schnee, und der kalte Wind fuhr mir ins Gesicht, aber genau das brauchte ich jetzt.

Die Geschichte klang ziemlich wirr: Mein Kollege schrieb an einem Buch und wollte noch ein Kapitel zur Hundeerziehung einbauen. Aber dummerweise war er spät dran mit dem Manuskript und hatte außerdem diesen wissbegierigen Leser am Hals, der ihm scheinbar sein Konzept so gründlich durcheinandergebracht hatte, dass er beim besten Willen nicht wusste, wie er jetzt noch die Grundlagen des Hundetrainings abhandeln sollte. Da erinnerte er sich offenbar an seinen alten Kumpel, den Hundefreak aus dem Zwischensemester, und schlug vor, dass wir uns in seinem Büro treffen. Ich sollte mich dann ein Kapitel lang um den Leser kümmern, während er sich bei zehn Seiten Literaturverzeichnis erholte.

Als ich das hörte, dachte ich: Tierarzt und Erstautor, das sagt ja wohl schon alles. Ich konnte mir gut vorstellen, wie das gelaufen war. Erst hatte er wahrscheinlich groß auf die Kacke gehauen, mit vollmundigem Exposé und astronomischen Vorschuss-Ideen. Aber als es dann Zeit wurde, das Manuskript abzugeben, wurde er immer kleinlauter und versuchte, eine Woche nach der anderen rauszuschinden. Und weil es jetzt wirklich eng wurde, bekam er Panik und wollte schnell noch einen Experten im Buch, der das Ganze rumreißt. Kenn ich doch, ich hab schließlich selbst Hundebücher geschrieben. Sonst würde wohl auch kaum jemand bei mir anrufen.

Aber meinetwegen, ich fahre ja gern mal aufs Land und ich komme auch gern in Hundebüchern vor. Das ist gut für den Namen, lässt die Kasse klingeln, und ich muss weniger Anzeigen schalten. Ich habe ohnehin nicht allzu viel Aufträge zurzeit, scheinbar kaufen sich alle Hundehalter neuerdings diese schicken Erziehungsbücher. Aber es geht halt nichts über eine Privatstunde, das werden die auch noch merken. Ich parkte vor der Garageneinfahrt und stieg möglichst dynamisch aus meinem Wagen. Als ich federnd die Treppe zur Haustür hochlief, dachte ich noch: Komisch, kein Name am Postkasten, nicht mal an der Haustürklingel. Wenn ich nicht schon einmal hier gewesen wäre, hätte ich es gar nicht gefunden.

Aber so richtig mulmig wurde mir, als die Tür aufging und mir der Autor eine zittrige Hand entgegenstreckte. Er hatte mein Alter, so Mitte 40, aber er sah 20 Jahre älter aus, dazu Sorgenfalten, Stoppelbart, Augenränder, das ganze Programm der Schreib-Endphase. Neben ihm stand der Leser und war umso munterer. Sah so aus, als könne er es gar nicht erwarten, bespaßt zu werden. Ich sah und hörte keinen Hund und wunderte mich ein bisschen. Aber das war noch gar nichts im Vergleich zu dem, was mich als Nächstes erwartete.

– Schau an, der Hundeexperte. Komm rein.

    – Servus! Und Sie müssen der Leser sein. Hallo, ich bin …

    – Äh, halt. Bitte entschuldige, aber ich muss dir gleich mal was erklären. Wir können nämlich leider keine Namen nennen.

    – Was denn, ich werde mich doch kurz deinem Leser hier vorstellen dürfen.

    – Nein, das geht auf gar keinen Fall. Wir haben eine kleine Abmachung, dass hier nur Hunde namentlich vorkommen. Menschen bleiben anonym. Das stört dich doch hoffentlich nicht, oder?

    – Na, du bist ja lustig. Und ob mich das stört. Abgesehen davon, dass es unhöflich ist, wenn ich mich nicht vorstelle, müssen wir uns doch irgendwie anreden, oder?

    – Kein Problem, du kannst Leser zu ihm sagen, das kennt er schon. Und du bist der Trainer, ganz einfach.

    – Also, das ist völlig ausgeschlossen, dass ich in deinem Buch auftrete und Trainer heiße. Ich meine, die schreckliche Landstraße hier raus, die Zeit, die ich euch widme – mein Kalender ist proppenvoll, ich musste sogar ein paar Stammkunden vertrösten. Da ist eine kleine namentliche Erwähnung doch nicht zu viel verlangt, oder? Das wäre das Mindeste, würde ich sagen.

– Aber natürlich kommst du vor, du stehst prominent im Literaturverzeichnis, versprochen.

– Wie bitte? Als Buchtipp am Schluss? Nein, nein, so läuft das nicht. Andere Hundetrainer treten im Fernsehen auf, speisen mit Prominenten oder haben wenigstens ihre eigene Kolumne. Glaubst du, dass die sich auf dein »He, Trainer!« einlassen würden? Ich meine, ich verlange ja gar keine Stargarderobe und Koautorenzeile. Aber als namenloser Experte dein windiges Buch retten, das geht wirklich zu weit.

– Entschuldigen Sie bitte, wenn ich mich einmische, aber vielleicht könnten wir uns wieder ein wenig in Richtung Hunde bewegen?

– Äh, ja, da haben Sie zweifellos recht. Manchmal merkt man gar nicht, wie die Zeit verfliegt, wenn man mit alten Bekannten plaudert, hehe, nicht wahr, Trainer?

– Ich heiße …

– Obacht!

– Geht das jetzt schon wieder los? Sie scheinen mir eine Schwäche für seitenlange Dialoge zu haben, die überhaupt nichts mit dem Thema zu tun haben. Das grenzt an plumpe Zeilenschinderei. Glauben Sie wirklich, dass Ihre Lektorin Ihnen das durchgehen lässt?

– Siehst du, der Leser langweilt sich schon. Jetzt hat er sich so auf den Coach gefreut und du gibst hier die Mimose. Dabei ist das doch eine Riesenchance, mal zu zeigen, was Hundetrainer im Allgemeinen und du im Besonderen so draufhaben. Du kriegst doch immer noch jeden Hund geregelt, oder?

– Wenn die Besitzer mitmachen, hat's bisher immer geklappt.

– Na eben, ich wusste doch, du bist die heimliche Nummer eins: Sehen Sie, lieber Leser, hier sind Sie in besten Händen. Wenn ihr beide mich dann bitte kurz entschuldigt, ich schreibe gleich mal am Literaturverzeichnis weiter, damit ich das auch ja nicht vergesse, gell?

– Der hat vielleicht Nerven. Hoffentlich schreibt er wenigstens meinen Namen richtig. So was.

– Ähem. Ich finde das soo toll, dass Sie extra hergekommen sind, um sich mal meinen Hund anzusehen.

– Tja, dafür bin ich ja da. Wo brennt's denn?

– Also, er nervt mich vor allem beim Spazierengehen. Da zieht er wie ein Irrer, und wenn er nicht so ein kleiner Terrier wäre, dann käme ich kaum dagegen an.

– Das sehe ich mir dann am besten mal an. Wo ist er überhaupt?

– Wir haben ihn im vorletzten Kapitel gelassen. Da spielen wir gerade Ball. Kommen Sie mit, ich zeig's Ihnen.

Da hatte der Autor ja ganz schön was angerichtet. Beim Rundgang durch das Buch merkte ich, wie es vor unhaltbaren Behauptungen über Hundehirne und metafiktionaler Wirrnis nur so wimmelte. Und jetzt hatte er offenbar auch noch die lineare Erzählstruktur aufgegeben. Zurück ins vorletzte Kapitel, wo gab's denn so was? Langsam fragte ich mich, ob das mit dem Namen nicht vielleicht ein Eigentor war.

Egal, ich sah mir den Hund an, ein recht netter Jack-Russell-Terrier, etwas quirlig, aber so sind die eben. Wenn ich neue Klienten treffe, brauche ich meistens nicht länger als eine Minute, und dann weiß ich, wie der Mensch so tickt. Dann sehe ich mir noch eine Minute lang den Hund an und kann den auch recht verlässlich einordnen. Aber was wirklich schiefläuft in der jeweiligen Mensch-Hund-Beziehung, was die beiden falsch machen und woran wir arbeiten müssen, das kann ich erst abschätzen, wenn ich sie eine Zeit lang zusammen beobachte. Und dann stellt sich oft raus, dass Menschen und Hunde einfach aneinander vorbeireden. Es ist wie in einer dieser »Mein Partner versteht mich nicht«-Geschichten, die man sich an jeder Bar anhören kann: Was der eine sagt, kommt beim anderen nicht an. Und umgekehrt.

Wir gingen alle drei in den Garten des Autors raus und probierten mal ein paar Schritte an der Leine. Prompt übernahm der Hund das Kommando und steuerte auf die Büsche am Gartenzaun zu. Und der Leser hing an der Leine, als würde er Wasserski fahren. Von Hundeerziehung hatte der so viel Ahnung wie mein Kollege vom Schreiben. »Sitz!« oder »Platz!« kannten die beiden aus dem Fernsehen und hatten schon mal ein wenig damit rumprobiert. Grundgehorsam war hingegen ebenso ein Fremdwort wie Belohnung oder Grenzen setzen. Aber es gab Hoffnung. Der Leser hatte scheinbar eingesehen, dass das keine gute Lösung war, und hatte beschlossen, etwas zu ändern.

Er schien seinen Hund sogar durchaus zu verstehen, zumindest achtete er auf dessen Signale, wie ich im Gespräch merkte. Mit ein bisschen gutem Willen und der richtigen Anleitung würde der Leser es sicher schaffen, mit dem Hund so zu kommunizieren, dass ein gutes Team aus den beiden entstünde. Im Moment scherte sich der Hund kaum um ihn, darum musste erst mal ein Mittel her, um die Aufmerksamkeit wieder auf den Menschen zu lenken. Mit dem Ballspiel hatte er schon einen guten Anfang gemacht. Aber er musste auf Abwechslung achten, damit er als Spielpartner interessant bliebe und der Hund nicht zum Balljunkie würde. Die Frage war nur, wie schnell er es schaffen würde, sich nicht mehr von seinem Hund durch die Gegend ziehen zu lassen. Leider werfen viele die Flinte ins Korn, wenn sich keine schnellen Erfolge einstellen.

Das Ziehen an der Leine würde sich nicht von heute auf morgen abstellen lassen. Aber mit häufigen Richtungswechseln, Aufmerksamkeitstraining und klaren Signalen konnten die beiden das hinbekommen. Wobei ganz wichtig war, dass sie jetzt dringend mit den Grundübungen anfingen: Sitz, Platz, Komm, später dann Bleib und bei Fuß. Ich schlug vor, dass sie das der Reihe nach spielerisch entwickelten, mit kurzen Übungseinheiten, präzisem Timing der Belohnungen, und am besten mit einem Clicker als Hilfsmittel. Damit merkt der Hund am schnellsten, was der Mensch eigentlich von ihm will.

Der Russell des Lesers schien ziemlich schlau zu sein, er würde nicht lange brauchen, bis er kapierte, dass es bei Herrchen jetzt immer mal wieder Leckereien zu holen gäbe. Das Ergebnis würde sich dann auch an der Leine zeigen, wenn die beiden das Prinzip richtig umsetzten. Und der Leser würde merken, was er eigentlich für einen cleveren Hund hat und wie viel Spaß das machen kann, ihm neue Tricks beizubringen.

Also setzten wir uns hin und ich schrieb ihm ein Trainingsprogramm für die nächsten zwei Wochen auf: Namen rufen und Hersehen belohnen; auf den Clicker prägen; Sitz auf Handgeste und dann auf Zuruf. Dazu noch ein paar Tipps für die Wohnung und fürs Spazie-

rengehen. Ich erklärte die ersten Übungen, zeigte ihm, welche Hilfe-
stellungen er geben konnte, damit der Hund praktisch von ganz allein
mitmachte, und ließ die beiden dann erst einmal üben. Ich sah eine
Weile zu und es klappte ganz gut. Sah so aus, als hätte der Hund einen
guten Griff getan mit seinem Herrchen. Der jedenfalls hatte kapiert,
worauf es ankam, und schaffte es, den Hund zu fordern und ihn gleichzeitig bei Laune zu halten.

Als sie Pause machten, sah ich mich ein wenig genauer in den
restlichen Kapiteln um. Langsam begann mir zu dämmern, warum ich
hier war. Der Autor versuchte offenbar, ein Fenster in das Hundehirn
aufzustemmen. Meiner Meinung nach ein aussichtsloses Unterfangen,
das im Übrigen nicht nur anstrengend, sondern auch riskant war –
schließlich beruhte viel davon auf Mutmaßungen, die man auch ganz
anders auslegen konnte. Natürlich gab es jede Menge neue Veröffentlichungen von Kognitionsforschern, Verhaltensexperten und Gehirn-
koryphäen. Plötzlich schienen alle wissen zu wollen, was in Hunden
vorgeht. Immerhin war es interessant, sich das Denken des Hundes
mal genauer vorzustellen, mit seiner Nase zu riechen, mit seinen Augen zu sehen und so weiter.

Das war alles schön und gut, aber für meinen Geschmack einen Tick zu akademisch: verzückte Ausflüge in die soundsovielte Ge-
ruchsdimension, überall schlaue Versuche mit verstecktem Futter, aber
kaum praktische Hinweise, wenn man von den abstrusen Ratschlägen
für vom Spürhund Verfolgte mal absieht. Ich sah, dass ich hier nicht
mehr viel retten konnte. Dabei war das doch das Interessanteste von
allem: wie wir diese ganzen neuen Erkenntnisse darüber, wie Hunde

angeblich denken, für unser Mensch-Hund-Team nutzen können. Das eröffnete doch Welten!

Zum Beispiel finde ich die Tatsache frappierend, dass Hunde uns dank ihres Geruchssinnes ganz präzise einschätzen können. Und damit meine ich nicht nur das Offensichtliche, dass sie schon von Weitem wissen, wer wir sind oder was wir mittags gegessen haben. Ihr Spürsinn geht unvorstellbar viel tiefer und berührt die innersten Mechanismen unseres Verhaltens, unserer Stimmungen, unseres gesamten Daseins. Wir wissen ja selbst noch kaum, welche winzigen Veränderungen dabei in uns vorgehen, und vieles davon werden wir wahrscheinlich auch nie herausfinden. Aber dem Hund entgeht kein Auf und Ab in unserem Hormonspiegel, keine Veränderung unserer Hautdurchblutung und kein Schauer, der uns über den Rücken läuft. Alle diese Veränderungen kann er riechen und schon bald nutzen, um uns in allen Lebenslagen zu durchschauen.

Was sich dabei zeigt, und was ich im Übrigen schon immer meinen Klienten rate, ist Folgendes: Wenn wir mit unseren Hunden umgehen, dann hat es keinen Sinn, ihnen etwas vorzumachen. Ich weiß natürlich, dass die wenigsten Besitzer ihren Hunden wirklich Theater vorspielen. Ganz im Gegenteil, im Beisein unserer Hunde sind wir oft viel freier und entspannter als selbst bei engsten Angehörigen oder Partnern. Nein, was ich meine, ist, dass es keinen Sinn hat, situationsbedingt eine Rolle zu spielen, in der Hoffnung, den Hund dabei zu erziehen.

Ich hatte zum Beispiel mal den Fall eines Pudel-Mischlings namens Gordon. Da war der Hund lammfromm, solange er mit

Frauchen zusammen war und solange die genau das machte, was er wollte. Sprich, sich mit ihm beschäftigte, mit ihm spielte, sein Lieblingsfutter servierte. Aber wehe, wenn sie mal zum Telefon griff oder Besuch kam. Da drehte Gordon voll auf. Hochspringen, bellen, Spielzeug anbringen, alles war ihm recht, um Frauchen wieder unter seine Kontrolle zu bringen. Das nervte die gute Frau natürlich irgendwann so sehr, dass sie schweren Herzens beschloss, den Hund doch mal zu erziehen.

Sie brachte es rasch über Sitz bis zum Platz, das Gordon gegen Bestechung auch wirklich zackig ausführte. Aber kaum wandte sie sich ab, stand er sofort wieder auf und das Theater ging weiter. Am Telefon hörten die Anrufer im Hintergrund den Pudel immer lauter werden, bei längeren Gesprächen winselte er alle Stimmlagen durch. Die Frau gab sich mehr Mühe bei der Erziehung. Sie wurde energischer, strenger, schimpfte mit ihm, mimte die Dominante. Aber Gordon durchschaute sofort, dass das eben nur aufgesetzt war. Denn die Frau tat auch weiterhin alles, was er von ihr wollte, und zwar brav auf Kommando, so wie er ihr es beigebracht hatte. Kam er mit der Nase an, streichelte sie ihn, bellte er vor der Tür, gab's einen Spaziergang. Was sich für ihn änderte, waren lediglich die Donnerwetter zwischendurch, aber an die gewöhnte er sich bald. Als die Frau mich schließlich anrief, verstand ich sie kaum, so laut war der Hund inzwischen.

Ich sah mir die beiden an und erklärte ihr, wie inkonsequent sie sich eigentlich Gordon gegenüber verhielt. Sie tat dauernd so, als sei er der Chef, und belohnte ihn für jede nur erdenkliche Schikane auch noch mit Aufmerksamkeit. Wie sollte der Hund denn bitte schön den

Versuch ernst nehmen, dass sie jetzt plötzlich kreischend das Kommando übernahm? Zum Glück war Gordon wohlwollend und korrigierte sein Frauchen lediglich mit seiner Stimme und gelegentlichem Hochspringen. Aber die Frau begriff nun, dass sich die Situation nur verbessern konnte, wenn sich das Verhältnis der beiden grundlegend änderte. Sie musste lernen, souverän zu führen, anstatt sich bei Bedarf die Maske herrischer Dominanz überzustülpen.

Von nun an achtete sie auf Kleinigkeiten, die ihr vorher stets entgangen waren: Wie oft kam Gordon an, um etwas zu fordern? Wie oft ging eine Interaktion von ihr aus? Wer agierte, wer reagierte? Erst jetzt sah sie, wie sie innerlich von ihrem Hund abhängig war, wie sie um seine Zuneigung buhlte und alles tat, was er verlangte. Und sie sah vor allem, wie sie dabei genau das Gegenteil von dem erreichte, was sie wollte. Das Zusammenleben mit ihrem Pudel war alles andere als harmonisch und stresste am Ende beide.

Von da war es nur ein kleiner Schritt, um endlich das Ruder wirksam herumzureißen. Sie verinnerlichte ihre eigentliche Rolle als Leithund und nahm die Zügel in die Hand. Sie ging auf Gordon zu, spielte oder schmuste eine halbe Stunde lang intensiv, aber nur, wenn sie es angeregt hatte. Kam er hingegen an, um etwas zu fordern, ignorierte sie ihn. Sie ging täglich mit ihm spazieren, aber zu unregelmäßigen Zeiten und nur auf ihre Initiative hin. Sein Futter bekam er für eine Weile nur aus der Hand, und er musste sich jeden Bissen verdienen.

Nach kurzer Zeit hatte der Pudel eingesehen, dass ihm sein Winseln und Betteln nichts mehr brachte, und stellte es ein. Weil Frauchen ihre innere Einstellung geändert hatte, kam ihr Verhalten auch überzeugend beim Hund an. Natürlich gab es vor allem anfangs Situationen, in denen sie in alte Verhaltensmuster zurückfiel. Aber im Laufe der Zeit wurde sie umso sicherer, je mehr sich ihre konsequente Linie auch auf den Hund übertrug. Es gelang ihr bald ohne Weiteres, wohlwollend und freundlich zu bleiben und dennoch dem Hund zu zeigen, wo seine Grenzen waren. Gordon hingegen akzeptierte den Führungsanspruch seines Frauchens, weil sie nun selbst daran glaubte.

Gordons Beispiel zeigt, dass unser Umgang mit Hunden und insbesondere mit Hundeerziehung authentisch sein muss. Wir müssen die Prinzipien, die zur Verbesserung unserer Mensch-Hund-Beziehung nötig sind, so verinnerlichen, dass wir sie mühelos umsetzen können, ohne uns zu verbiegen. In gewissem Umfang können wir Hunde trainieren, wir können ihnen beibringen, auf unsere Handzeichen oder Befehle zu reagieren, wir können Regeln durchsetzen, indem wir sie auch mal nerven, wenn es sein muss. Aber sobald wir uns nicht sicher sind, wie wir mit ihnen umgehen sollen, sobald wir Zweifel an unserer Rolle hegen, merken viele Hunde das sofort und ziehen eben auch Konsequenzen daraus.

– Hee, Trainer. Schauen Sie mal, was der hier schon kann.

– Entschuldigen Sie, ich war gerade mit den Gedanken woanders. Können Sie es noch mal zeigen, bitte?

– Komisch, jetzt will er nicht mehr. Vorhin klappte es wie am Schnürchen: Er machte ganz brav Sitz auf Handzeichen, jedes Mal. Ist wohl der Vorführeffekt.

– Kann sein. Aber machen Sie sich keine Sorgen, das reicht jetzt auch fürs Erste mit dem Training. Übertreiben Sie es nicht. Zwei, drei Sessions mit je zehn Minuten am Stück sind ohnehin genug für den Anfang. Der Hund soll ja Spaß dabei haben – und Sie übrigens auch, sonst wird das nichts. Wenn es nicht mehr läuft, machen Sie einfach Pause und versuchen es ein anderes Mal.

– Na gut, dann gehen wir eben wieder rein.

– Halt, halt. Am Anfang und am Ende des Trainings sollten Sie ein paar Minuten mit ihm spielen, rumtoben, ihn belohnen. Das ist ganz wichtig, schon vergessen?

– Ach ja, stimmt. Komm her! Hier, hol's dir! Und weg isser. Sagen Sie mal, Trainer, wie gibt es denn das, dass der in so kurzer Zeit das Hinsetzen auf Handzeichen lernt, wo ich doch seit Jahren vergeblich versuche, ihn zu erziehen.

– Sind Sie sicher, dass Sie versucht haben, ihn zu erziehen?

– Na, das will ich doch meinen. Vielleicht war ich nicht immer konsequent, aber ich denke schon, dass er verstanden hat, was ich von ihm will. Zum Beispiel hab ich ihm immer wieder erklärt, dass er nicht so rumtoben soll, bevor wir Gassi gehen. Der hat mir schon das ganze Parkett vor der Haustür zerkratzt. Aber da kann ich genauso gut mit der Wand reden. Sobald ich die Leine in der Hand habe, wird er zum Berserker.

– Verstehe. Das sollten wir auf jeden Fall in die Liste der Probleme aufnehmen. Aber ich würde Sie ohnehin beim nächsten Mal gerne zu Hause treffen, dann kann ich mir das alles ansehen. Wie wäre es so in zwei Wochen? Da hat dieser Autor hoffentlich sein Manuskript abgegeben und wir müssen uns nicht mehr hier zwischen den Kapiteln rumtreiben.

– Das würden Sie wirklich tun? Sie wissen gar nicht, was für einen riesigen Gefallen Sie mir damit erweisen würden!

– Aber ich bitte Sie, das ist doch selbstverständlich. Wissen Sie, wenn ich mich mal mit einem Fall beschäftigt habe, dann möchte ich das natürlich gerne erfolgreich abschließen. Wobei man die Arbeit an einem Mensch-Hund-Team natürlich niemals wirklich als abgeschlossen bezeichnen kann, das ist eher ein ständiges Geben und Nehmen. Aber an einem bestimmten Punkt, den Hund und Besitzer meist selbst recht gut erkennen, ist mein Beistand dann nur noch sporadisch vonnöten. Und das sehe ich bei Ihnen eigentlich recht bald.

– Ach ja? Sie meinen also, da gibt es Hoffnung?

– Von wegen Hoffnung. Sie haben eine fantastische Zeit mit Ihrem Hund vor sich. Sie sind ein fabelhaftes Team, das sehe ich schon an den ersten Fortschritten heute. Und Sie wollen wirklich was bewegen, sonst würden Sie sich ja nicht hier mit dem Buch abquä... – äh – beschäftigen.

– Sie machen sich ja keine Vorstellung. 198 Seiten bis jetzt, mit Rennen, Schwimmen, Klettern, und dann noch der schleimige Nasengang, igitt. Aber Ihre Zuversicht und Ihre Ratschläge waren das Ganze schon wert. Da weiß ich wenigstens: Es war nicht ganz umsonst.

– Ach was, von wegen umsonst. Wissen Sie, manchmal habe ich Kunden, da ist Hopfen und Malz verloren. Am schlimmsten sind Paare, die wegen des Hundes Stress miteinander haben. Oft kam einer davon mit dem Hund in die Beziehung, und der andere will am liebsten gar nichts mit ihm zu tun haben. Aber wenn der Hund dann Probleme macht, müssen sich beide einigen, sonst klappt das nicht mit der Erziehung. Und sie müssen sich auch über die Regeln einig sein. Das ist wie bei Kindern. Die können Sie auch nicht erziehen, wenn Mama »Nein!« sagt und Papa dann: »Also gut.«

– Zum Glück muss ich darauf im Moment nicht achten, als Single.

– Tja, das hat den Vorteil, dass Sie sich intensiver mit Ihrem Hund beschäftigen können und sich nicht absprechen müssen. Aber gemeinsam mit einem Partner oder gar in einer Familie einen Hund zu halten, das hat auch seine schönen Seiten. In den Genuss werden Sie vielleicht ja noch kommen. Und wenn sich, wie gesagt, alle einig sind, geht das oft sogar besser, weil der Hund nicht so sehr auf eine Person fixiert ist.

– Ach so? Ich hätte so eine enge Bindung zwischen Hund und Mensch eher als Vorteil gesehen.

– Das kommt darauf an. Bei einem naturverbundenen Besitzer mit aktivem sozialen Umfeld und einem Händchen für die Hundeerziehung ist eine enge Bindung zweifellos der Idealzustand, sowohl für den Halter als auch für den Hund. Aber wenn ein alleinstehender Mensch sich emotional sehr stark an den Hund bindet, dann droht die Gefahr, dass er dem Hund eine Rolle als Partner- oder Kind-Ersatz aufbürdet. Der Hund seinerseits reagiert darauf oft mit übermäßigem Kontrollverhalten oder manchmal auch mit Angst, wenn klare Regeln und Grenzen fehlen.

– Verstehe. Und was machen Sie dann? Stellen Sie dann eine Art Hausordnung auf, mit Vorschriften für die Hundehaltung?

– Keine Vorschriften, eher Ratschläge. Aber Hausordnung trifft das Ganze schon recht gut. Oft schreibe ich das zusammen mit dem Besitzer auf und der heftet es an die Kühlschranktür, um sich die Tipps immer wieder mal ins Gedächtnis zu rufen. Denn es braucht oft seine Zeit, bis alles klappt. Schwierig ist es bei Haltern, die eine Patentlösung wollen, die am liebsten auch noch sofort wirken soll. Das geht eben nicht so einfach, und schon gar nicht, wenn die Menschen keine Geduld mitbringen.

– Aber das Sitz ging doch jetzt ganz schnell, mit Ihrer Hilfe.

– Ja, das lässt sich natürlich rasch umsetzen, und das ist auch wichtig, damit die Leute schnell einen ersten Erfolg sehen. Aber mit Sitz allein ist das eigentliche Problem ja meistens noch nicht aus der Welt. Es ist vielmehr nur der erste Schritt, eine Art Machbarkeits-Studie, die einen Weg aufzeigen soll, wie es gehen könnte. Und außerdem beginnen sowohl Hund als auch Halter zu begreifen, dass sie zusammen etwas erreichen können. Aber viel wichtiger ist, dass die Menschen sich dann auch die Mühe machen, sich in ihren Hund hineinzuversetzen, seine Sprache zu lernen und eine gute Kommunikation mit ihm aufzubauen, die in beiden Richtungen funktioniert. Das heißt, Menschen sollten sich bemühen, die Hundesprache zu verstehen, und nicht nur umgekehrt von ihrem Hund verlangen, dass er weiß, was mit »Runter vom Sofa!« gemeint ist.

– Ich vergesse ja auch immer, wie schwierig es für Hunde sein muss, unsere Worte zu verstehen.

– Ja, denn im Vergleich dazu ist die Hundesprache eigentlich recht klar. Da beruht vieles auf Mimik, Gesten, Körperhaltung, und wenn der Hund nicht gerade unter einer Fellmasse versteckt ist, dann sieht man das recht deutlich, finde ich. Aus dem Grund verstehen Hunde uns auch besser, wenn wir Kommandos mit immer der gleichen Handgeste einüben. Manche meiner Trainer-Kollegen haben das übrigens so verinnerlicht, dass sie auch mit Menschen so sprechen.

– Und wegen der Körpersprache soll ich die Übungen erst mal mit Gesten machen?

– Genau. Und sobald sie gut sitzen, dann geben Sie auch das Sprachkommando dazu. Auf diese Weise können Sie den Hund übrigens auch auf Distanz besser steuern und brauchen nicht quer über die Hundewiese zu brüllen.

– Ach ja, Herkommen auf Zuruf, das klappt übrigens auch nicht so gut. Da hätten wir schon wieder was für Ihre Problemliste. Wo ist mein Hund eigentlich hin?

– Ich glaube, der gräbt gerade da hinten den Komposthaufen um.

– Oh mein Gott. Hund! Ah, er hat aufgehört. Entschuldigen Sie, ich …

– Gehen Sie ruhig. Wir sehen uns dann in zwei Wochen.

– Ja, ich rufe Sie an. Bis dann.

Hmm, gefällt mir, dieser Leser. Ich habe extra mal abgewartet, wie das hier weitergeht. Ich musste dem Hund nur zusehen, wie er mit dem Ball verschwand und mir war klar, was der im Sinn hatte. Ist natürlich auch ein verlockendes Ziel, so ein Komposthaufen im hintersten Winkel des Buches, wo die ganzen Textpassagen vor sich hin dümpeln, die der Autor rausgekürzt hat. Da wimmelt es nur so von Hunden, Abenteuern, dem Duft der großen, weiten Welt. Hunden gefällt so was, bei Lesern bin ich mir nicht so sicher. Da fällt mir ein, ich muss mit dem Autor unbedingt noch mal über meinen Namen reden. Hoffentlich komme ich aus diesem Buch wieder heil raus.

Egal. Worauf ich hinauswollte, ist Folgendes: Mir gefällt, dass der Leser jetzt nicht den erfolglosen Versuch gestartet hat, seinen Hund abzurufen. So weit sind die beiden noch nicht, das weiß er so gut wie ich. Und selbst wenn der Hund gekommen wäre, wäre es schwierig geworden, ihm etwas Besseres zu bieten als einen Komposthaufen voller Textabfälle. Merke: Niemals von einer spannenden zu einer mäßig interessanten Beschäftigung abrufen, also weder zum Baden noch zum Tabletten eingeben, noch, um den Hund in seine Box zu schicken und dergleichen.

Es gibt natürlich Ausnahmen, zum Beispiel, wenn es gefährlich wird oder der Hund aus sonst einem Grund jetzt dringend kommen soll. Aber dazu muss das Ganze überhaupt erst einmal sitzen, das mit dem Namensruf, den Kommandos auf Distanz und dem Herkommen. Außerdem kann man dann meistens trotzdem den Hund mit etwas ganz, ganz Tollem empfangen, bevor sich das eher Unangenehme anschließt. Aber jetzt, in der Trainingsphase, muss der Hund zunächst lernen, dass sich Herkommen wirklich immer lohnt. Das hatte ich im vorigen Kapitel schon irgendwo so ähnlich gelesen, und da hat es wohl auch der Leser her.

Also hat er beschlossen, hinzugehen und dem Treiben dort ein Ende zu setzen. Souveräne Entscheidung, muss ich sagen, zumal der Hund ja nirgendwohin ausreißen konnte. Noch besser wäre es allerdings gewesen, wenn er es gar nicht so weit hätte kommen lassen. Hunde zeigen meist sehr deutlich, was sie im Schilde führen. Nur wir Menschen können eben oft nichts damit anfangen, weil wir die Körpersprache unserer Hunde einfach nicht verstehen.

Darum rate ich meinen Klienten auch gebetsmühlenartig, sich wenigstens die Grundlagen der Hundesprache anzueignen. Es ist einfach unabdingbar, dass ein Halter seinem Hund ansieht, ob er freundlich, ängstlich oder angriffsbereit ist. Wenn mein Hund die Rute einklemmt, dann sollte ich als Mensch darauf gefasst sein, dass sich da irgendetwas nähert, das ihm Angst macht. Dann nehme ich ihn vielleicht etwas kürzer und versuche, umso deutlicher Sicherheit auszustrahlen. Wenn er aber entspannt einen anderen Hund beschnüffelt, kann ich ihm mehr Freiheit zugestehen und ihn vielleicht sogar ohne Leine spielen lassen.

So weit sich das in der kurzen Zeit eines Hausbesuchs machen lässt, erkläre ich auch das Wichtigste, aber Hunde sind eben sehr verschieden. Ein Windhund mit zwischen den Hinterbeinen eingeklemmter Rute ist dabei ganz entspannt, bei einem Setter zeigt das Unterwürfigkeit oder gar Angst, und ein Spitz bekommt den Schwanz vielleicht gar nicht so weit nach unten, selbst wenn er kurz vor dem Herzinfarkt steht.

Darauf beruht ja zu einem großen Teil meine Arbeit: Ich sehe aufmerksam hin und übersetze anschließend den Besitzern, was da in ihrem Hund vor sich geht. Wenn dann das Aha-Erlebnis kommt, dann gebe ich ihnen ganz konkrete Anweisungen an die Hand, mit denen sie den Umgang mit dem Hund so üben können, wie er in Zukunft ablaufen sollte. Ich versuche, das so zu gestalten, dass diese ersten Schritte erst einmal zu Hause stattfinden – in ruhiger, vertrauter Umgebung – und dass beide Seiten so weit wie möglich immer wieder positive Erlebnisse dabei haben.

Ich habe die Erfahrung gemacht, dass das Lernen von neuem Verhalten so am besten funktioniert, sowohl beim Hund als auch beim Menschen. Ideal ist es, wenn man entspannt und positiv gestimmt ist und sich in einer Art Erwartungshaltung befindet. Das heißt, eine Handlung hat bisher zu einem konstanten Ergebnis geführt, und man erwartet, dass es jetzt auch wieder so ist. Wenn diese Erwartung dann aber übertroffen wird, dann bleibt das im Gedächtnis haften und man ist hoch motiviert, es noch einmal auf genau diese Weise zu versuchen. Es kann natürlich auch eine Enttäuschung geben, sprich, das Erwartete bleibt aus oder es folgt etwas Unangenehmes. Dann lernt man, das Verhalten zu meiden.

Aber entscheidend ist, dass ein äußerer Rahmen mit mehr oder weniger konstanten Bedingungen vorhanden ist, und dass sich das, was gelernt werden soll, davon abhebt. Wer im Ungewissen schwebt, abgelenkt ist, sich in einer neuen Umgebung befindet, womöglich noch eingeschüchtert oder misstrauisch ist, der wird für Lernerfahrungen viel weniger aufnahmebereit sein. Für unsere Hundeerziehung heißt das konkret, dass wir im Idealfall mit unserem Hund zunächst in vertrauter Umgebung trainieren, am besten zu Hause, zu einem ruhigen Zeitpunkt. Später können wir uns dann nach draußen wagen, schrittweise zusätzliche Ablenkungen einführen und uns schließlich in unbekannte Gefilde wagen. Wenn sich der Hund bereits an die Lernsituation gewöhnt hat, bietet sie ihm ausreichend Vertrautes und er wird weiterhin für das Lernen motiviert sein, auch wenn neben ihm ein Karnevalsumzug vorbeimarschiert.

Apropos Karnevalsumzug, das mit der schrittweisen Steigerung hätte der Autor lieber auch berücksichtigen sollen. Wie kann man denn mit so was Kompliziertem wie der Schleppleine einsteigen und sich dann zum »Sitz!« hinabarbeiten? Ich werde dem Leser am besten mal ein paar Zeitschriftenartikel und Bücher zur Hundeerziehung empfehlen, wenn ich ihn in zwei Wochen besuche. Da gibt es natürlich meines, das bei aller Bescheidenheit wirklich hervorragend ist, aber die Kollegen sind ja auch meistens auf Draht. Wichtig ist jetzt, dass ich schnellstens aus diesem Buch hier verschwinde, bevor der Autor mich womöglich noch mit Korrekturlesen in Beschlag nimmt. Dummerweise habe ich ihm schon den Kollegenrabatt genannt, aber vielleicht springt noch was fürs Benzin raus. Na gut, der Leser zahlt dann hoffentlich regulär, in zwei Wochen bei dem Hausbesuch.

– Na, ist eure Stunde schon rum?

– Ah, da bist du ja. Ja, für heute reichts. Ich habe mir gerade noch mal deinen Leser angesehen. Sieht so aus, als hätte er wirklich was drauf. In zwei Wochen besuche ich ihn mal zu Hause.

– Das zahlt er aber selbst, oder?

– Wie kannst du immer nur ans Geld denken? Unglaublich, tsts. Mensch, das ist doch ein toller Leser, das ist doch Lohn genug, wenn der seinen Hund jetzt besser versteht.

– Ich weiß ja nicht, was dir deine Klienten im Normalfall so zahlen, aber ich muss ganz schön viele Bücher verkaufen, bis sich das hier auch nur ansatzweise lohnt. Schau mal, für zwei Manuskriptausdrucke geht ein ganzer Packen Druckerpapier drauf, und dann die Bleistiftminen, jetzt nehm ich schon 2H, aber die nutzen sich immer noch so schnell ab ...

– Jaja, keine Sorge, ich schreib mein Honorar erst mal an.

– Wieso Honorar? Jetzt macht ihr doch mit Privatstunden weiter, da wollen wir uns wohl nicht mit solchen Kleinlichkeiten belasten, oder? Mir kam da eher so eine Idee mit Provision, weißt du.

– Das wird ja immer schöner. Hör zu, Provision kommt überhaupt nicht infrage. Wie weit bist du eigentlich mit dem Literaturverzeichnis?

– Ist fertig. Jetzt stehst du ganz oben, bist du zufrieden? Vielleicht kann ich noch fett oder kursiv durchdrücken, aber du weißt ja, wie diese Typografen so sind. Wenn da nicht alles einheitlich aussieht, stellen sie sofort die Nackenhaare auf. Ich weiß noch, als ich im Verlag anrief und fragte, ob mein Name auf dem Titel nicht etwas größer ...

– Mach dir keine Gedanken, genau darüber wollte ich ohnehin mit dir reden. Weißt du, ich habe mir das inzwischen mal überlegt. Vielleicht ist es doch besser, wenn ich da gar nicht namentlich erscheine. Ich meine, wie ich eben sagte, ich finde, das ist Lohn genug, wenn der Leser ...

– Aber nein, das geht doch nicht. Du bist doch der Experte. Der Praktiker. Der mit dem Hund knuddelt. Wie soll ich das denn überzeugend rüberbringen, wenn du nicht deine Beispiele erzählst?

– Nein, also wirklich, auf keinen Fall. Ich finde, dein Buch ist rundum gelungen, da störe ich doch nur. Diese tollen Erzähleben, und erst die metafiktionalen Dialoge, ganz großes Kino, wirklich.

– Meinst du? Das sagst du doch sicher allen Autoren …

– Aber nein, ganz ehrlich. Das ist ein völlig neuer Ansatz in der Wissensvermittlung. Aber du musst jetzt einfach das Standing haben und das so abgeben, ohne Wenn und Aber. Beispiele, praktische Hinweise, wer will denn so was?

– Aber meine Lektorin hat mir extra eingeschärft …

– Ach was, die schickst du einfach zu mir. Welche Rasse hat sie denn?

– Einen Perserkater, glaube ich.

– Naja, mal sehen, was ich da machen kann. Aber meinen Namen streichst du, ja? Versprochen?

– Ich weiß nicht. Wenn du drauf bestehst. Also, deine Bescheidenheit ist wirklich sagenhaft. Da habe ich aber ein schlechtes Gewissen.

– Du hast nicht den geringsten Grund dazu. Ich muss jetzt los, war nett, dich mal wieder zu treffen. Grüß mir den Leser.

– Servus. Ach ja, der Leser. Wo ist der eigentlich? Da hinten rührt sich was, der wird doch nicht …

Kapitel 9:
Epilog

– Hee, halt!

– Oh, hallo. Äh, ich ...

– Ach du Schreck! Was haben Sie denn da mit meinem Komposthaufen angestellt?

– Ja, sieht schlimm aus, nicht wahr? Wissen Sie, ich sah einen Augenblick nicht hin und schon war der Hund mittendrin. Aber keine Sorge, den Burschen kriege ich schon wieder sauber.

– Ja, aber sind Sie denn von allen guten Geistern verlassen? Das brauche ich doch alles noch. Damit wollte ich die Löcher im Manuskript auffüllen und die zu dünn geratenen Passagen ausfüttern, und den Rest wollte ich gut durchmischen und schon mal fürs nächste Buch zur Seite legen. Jetzt sehen Sie sich das an, das kann ich alles überhaupt nicht mehr gebrauchen. Wie erkläre ich das denn jetzt meinem Verlag? Übermorgen ist Abgabe.

– Das erinnert mich an einen Schulkameraden, der hatte einen Berner Sennenhund namens Rüdiger zu Hause, ziemlich verfressen. Eines Morgens kam er ohne Hausaufgaben in die Schule und behauptete steif und fest, der Hund habe sie gefressen. Der Lehrer hat ihm natürlich kein Wort geglaubt und ihm ein Ungenügend eingetragen. Aber am nächsten Tag brachte der Junge dann in einer Plastiktüte die Reste des Heftes an, das er ...

– Hören Sie, ich will nichts von den Hausaufgaben ihres Schulkameraden wissen. Erklären Sie mir lieber, warum Sie Ihren Hund denn nicht gleich zu sich gerufen haben. Da hätten Sie vielleicht noch das Schlimmste verhindern können. Der wütet doch hier mindestens schon eine halbe Stunde.

– Naja, erst wollte ich ihm auch ganz instinktiv hinterherschreien. Aber dann dachte ich an Ihre Hinweise vom vorletzten Kapitel, da sagten Sie doch, das soll ich vermeiden.

– Sie sollen ihn nicht mehr zu sich rufen?

– Nein, das schon. Aber Sie sagten, ich solle ihn nicht abrufen, wenn nicht sehr wahrscheinlich ist, dass er auch folgt. Und das hier sah mir ganz danach aus, als würde er einen Teufel tun und herkommen. So weit sind wir beide noch nicht, dachte ich.

– Hm, das haben Sie gedacht?

– Ja, und da bin ich eben hingegangen und habe ihn einfach angeleint und weggezogen. Das war schon schwer genug, glauben Sie mir. Der war voll konzentriert bei der Sache, hatte die Ohren gespitzt und zitterte vor Aufregung. Haben Sie da vielleicht irgendwo Ratten in Ihrem Kompost?

– Das kann schon sein. Vielleicht aus einem der vorherigen Kapitel?

– Na, sehen Sie. Da hätte ich mit Katzenfutter auf ihn schießen können, der hätte sich keinen Schritt bewegt. Das ist ein Terrier, verstehen Sie? Der tut nichts lieber als Ratten jagen. Sollten Sie eigentlich wissen.

– Ja, da haben Sie recht. Das sollte ich eigentlich wissen.

– Wieso grinsen Sie mich jetzt so an?

– Tja, ich glaube, Sie sind langsam so weit.

– So weit wofür?

– Nun ja, ich bin zuversichtlich, dass Sie mit Ihrem Hund bald eine noch lohnendere und harmonischere Beziehung verbinden wird. Das denkt übrigens auch der Trainer. Der lässt Sie schön grüßen und besucht Sie bald, wie ich gehört habe.

– Ja, mal sehen, wie weit ich inzwischen mit meinem Hund hier bin. Aber ich muss gestehen, ich sehe ihn jetzt ein wenig mit anderen Augen. Nicht, dass ich das meiste nicht schon irgendwie geahnt hätte, da wollen wir uns nichts vormachen. Aber es war nett, das mal schwarz auf weiß zu sehen.

– Ist dann irgendwie glaubhafter, stimmt's?

– Tja, sieht so aus, als hätten Sie tatsächlich ein Buch geschrieben.

– Wer hätte das je für möglich gehalten?

– Aber ich bitte Sie, so außergewöhnlich ist das jetzt auch wieder nicht. Wissen Sie, wie viele Bücher jedes Jahr allein in deutscher Sprache erscheinen? Fast 100 000. Ich meine, irgendwer muss die ja schreiben. Das heißt, in einer gut besetzten U-Bahn ist sicher ein ganzer Waggon voller Buchautoren, zumal die sich in der Regel auch kein Auto leisten können.

– Sie meinen also, das ist nichts Besonderes?

– Doch, natürlich ist das toll, wenn Sie es bis zum Ende geschafft haben, insbesondere ohne Ihr privates Umfeld dabei in Schutt und Asche zu legen. Ich meine nur, Sie sind in guter Gesellschaft.

– Da fällt mir ein, ich muss mich unbedingt bei ein paar Freunden und Verwandten melden. Unglaublich, wie schnell so ein halbes Jahr vergeht.

– Wie kamen Sie eigentlich dazu, sich so ein Buch aufzuhalsen, wenn ich fragen darf? Was hat Sie daran gereizt? Leuten mehr Wissen über Hunde zu vermitteln, ihnen die Augen für ihre Begleiter zu öffnen?

– Das wäre natürlich toll, wenn so etwas gelingen könnte. Aber ich bin schon sehr froh, dass sich bei Ihnen etwas bewegt hat. Ich hoffe, dass Sie Ihren Hund jetzt noch mehr als fühlendes und denkendes Wesen begreifen, dass Sie die beiden Geister sehen, die in ihm wohnen. Da ist die verwandte Seele, der feinsinnige Begleiter, der uns seine Freundschaft anbietet, seine unbedingte Loyalität, seine völlige Hingabe. Aber da ist auch das mitleidlose Rudeltier, das sich über uns hinwegsetzt, wenn wir uns seiner Gefolgschaft nicht als würdig erweisen.

– Ja, ich glaube, ich verstehe, was Sie meinen. Der Hund ist eine Zauberkiste, in der unendliche Möglichkeiten schlummern. Und es liegt an mir, das Beste daraus zu machen.

– Ja, so ungefähr. Ich hoffe, Sie haben die Reise in die Welt des Hundes ein wenig genossen. Ich habe mich jedenfalls sehr gefreut, dass Sie dabei waren.

– Ganz meinerseits. Aber Sie wollen sich doch nicht schon verabschieden, oder? Ich sehe, da kommen noch ein paar Seiten.

– Das ist der Anhang mit Literaturangaben. Da können Sie das alles bei Bedarf noch vertiefen. Aber wenn Ihnen das Bisherige nur ein wenig dabei hilft, Ihren Hund besser zu verstehen, dann bin ich schon überglücklich. Mehr kann ich mir nicht wünschen.

    – Ich werde mir Mühe geben. Vielen Dank für die Führung.

    – Es war mir ein Vergnügen.

    – Dann also bis zum nächsten Buch.

    – Oh je, mein Komposthaufen. Wissen Sie was, das kann doch Ihr Hund jetzt schreiben, oder? Sie kriegen auch Provision …

Anhang

Weiterführende Literatur

Ich bin weder Kognitionsforscher noch Verhaltenskundler oder Hundetrainer. Das, was ich zum Thema Hunde beitragen kann, beruht weitgehend auf der Arbeit anderer, weitaus besser informierter Experten, Autoren und Kollegen. Diesen bin ich zu unendlichem Dank verpflichtet für die Informationen, die sie in persönlichen Gesprächen oder in ihren Veröffentlichungen mit mir geteilt haben. Im Anschluss folgt eine Liste der verwendeten Materialien und weiterführender Literatur, die helfen soll, einzelne Aspekte zu vertiefen oder ganz einfach noch mehr über Hunde zu erfahren.

Aus Platzgründen kann eine solche Aufstellung niemals umfassend sein. Meine Auswahl ist rein subjektiv, und ich entschuldige mich an dieser Stelle bei allen, deren Bücher und Veröffentlichungen zum Thema Hund hier nicht erscheinen. Die aktuellsten Beiträge zum Thema Hundeforschung stammen aus naturwissenschaftlichen Fachzeitschriften. Hier sind nur die wichtigsten Veröffentlichungen genannt, weitere Hinweise finden sich im Literaturverzeichnis der als Review gekennzeichneten Übersichtsarbeiten.

Literaturverzeichnis nach Kapiteln

Prolog

Die Metapher von der Gedankenübertragung in Kapitel 1 stammt aus: Stephen King: On Writing, A Memoir of the Craft. Scribner, 2000

Bill Bryson: Eine kurze Geschichte von fast allem. Goldmann, 2004

Roy Peter Clark: Writing Tools. Little, Brown & Co., 2006

Jack Hart: A Writer's Coach. Anchor Books, 2007

Sten Nadolny: Das Erzählen und die guten Absichten. Piper, 1990

Per Anhalter durch die Evolution

Joshua M. Akey et al.: Tracking footprints of artificial selection in the dog genome. Proc Natl Acad Sci U S A, 2010 Jan 19;107(3):1160–5. Epub 2010 Jan 11

David Alderton: Hunderassen. BLV, 1993

Tovi M. Anderson et al.: Molecular and evolutionary history of melanism in North American gray wolves. Science. 2009 Mar 6;323(5919): 1339–43

Raymond Coppinger, Lorna Coppinger: Dogs: A New Understanding of Canine Origin, Behavior and Evolution. University Of Chicago Press, 2002

James Serpell: The Domestic Dog: Its Evolution, Behaviour and Interactions with People. Cambridge University Press, 1996

Karin Dohrmann: Die Suche nach dem Ursprung: Eine Forschungsgeschichte zur Entstehung des Hundes. Dogs today. 2010 Jan;1:116–21

Lars Eighner: Travels With Lizbeth: Three Years on the Road and on the Streets. Ballantine, 1994

Hans Ellegren: Genomics: the dog has its day. Nature. 2005 Dec 8;438(7069):745–6

Corinna Faith: Dogs That Changed the World. PBS Nature, USA, 2007 (zweiteiliger US-amerikanischer Dokumentarfilm)

Jon Franklin: The Wolf in the Parlor: The Eternal Connection Between Humans and Dogs. Henry Holt & Co., 2009

Mietje Germonpré et al.: Fossil dogs and wolves from Paleolitic sites in Belgium, the Ukraine and Russia: osteometry, ancient DNA and stable isotopes. J Archaeol Sci. 2009 Feb;36:473–90

Nicole Hoefs, Petra Führmann: Auf Hundepfoten durch die Jahrhunderte: Kulturgeschichten rund um den Hund. Franckh-Kosmos, 2009

Bridgett M. von Holdt et al.: Genome-wide SNP and haplotype analyses reveal a rich history underlying dog domestication. Nature. 2010. Epub 2010 Mar 17

Kevin N. Laland et al.: How culture shaped the human genome: bringing genetics and the human sciences together. Nat Rev Genet. 2010 Feb;11(2):137–48 (Review)

Kerstin Lindblad-Toh et al.: Genome sequence, comparative analysis and haplotype structure of the domestic dog. Nature. 2005 Dec 8;438(7069):803–19

Konrad Lorenz: So kam der Mensch auf den Hund. Deutscher Taschenbuch Verlag, 1998

Adam Miklosi: Dog Behaviour, Evolution, and Cognition. Oxford Biology, Oxford University Press, 2007

Ádám Miklósi et al.: A simple reason for a big difference: wolves do not look back at humans, but dogs do. Curr Biol. 2003 Apr 29;13(9):763–6

Mark W. Neff, Jasper Rine: A fetching model organism. Cell. 2006 Jan 27;124(2):229–31 (Review)

Meg Daley Olmert: Made for Each Other: The Biology of the Human-Animal Bond. Da Capo Press, 2009

Elaine A. Ostrander, Kenine E. Comstock: The domestic dog genome. Curr Biol. 2004 Feb 3;14(3):R98–9 (Review)

Jun-Feng Pang et al.: mtDNA data indicate a single origin for dogs south of Yangtze River, less than 16,300 years ago, from numerous wolves. Mol Biol Evol. 2009 Dec;26(12):2849–64. Epub 2009 Sep 1

Heidi G. Parker, Elaine A. Ostrander: Canine genomics and genetics: running with the pack. PLoS Genet. 2005 Nov;1(5):e58 (Review)

Elizabeth Pennisi: Canine evolution. A shaggy dog history. Science. 2002 Nov 22;298(5598):1540–2

Peter Savolainen et al.: Genetic evidence for an East Asian origin of domestic dogs. Science. 2002 Nov 22;298(5598):1610–3

Tyrone C. Spady, Elaine A. Ostrander: Canine behavioral genetics: pointing out the phenotypes and herding up the genes. Am J Hum Genet. 2008 Jan;82(1):10–8 (Review)

Brenda Vale: Time to Eat the Dog: The Real Guide to Sustainable Living. Thames and Hudson, 2009

Carles Vilà et al.: Multiple and ancient origins of the domestic dog. Science. 1997 Jun 13;276(5319):1687–9

The World According to Bark

Andrea Freiin von Buddenbrock: Mantrailing für den Realeinsatz: Hunde als Geruchsdetektive. Kynos, 2007

Stephen Budiansky: The Truth about Dogs: An Inquiry into the Ancestry, Social Conventions, Mental Habits, and Moral Fiber of Canis familiaris. Penguin, 2001

Stanley Coren: How Dogs Think. Pocket Books, 2005

Brent A. Craven et al.: Reconstruction and morphometric analysis of the nasal airway of the dog (Canis familiaris) and implications regarding olfactory airflow. Anat Rec (Hoboken). 2007 Nov;290(11):1325–40

Joerg Fleischer et al.: Mammalian olfactory receptors. Front Cell Neurosci. 2009;3:9. Epub 2009 Aug 27

Rafi Haddad et al.: A metric for odorant comparison. Nat Methods. 2008 May;5(5):425–9. Epub 2008 Mar 30

Anne Lill Kvam, Christine von Bülow: Spurensuche: Nasenarbeit Schritt für Schritt. Animal Learn Verlag, 2005

Richard Nickel, August Schummer, Eugen Seiferle: Lehrbuch der Anatomie der Haustiere. Parey, 2004

Pascale Quignon et al.: The dog and rat olfactory receptor repertoires. Genome Biol. 2005;6(10):R83. Epub 2005 Sep 28

Dorothee Schneider, Armin Hölzle: Fährtentraining für Hunde: Schritt für Schritt auf der richtigen Spur. Fährten-Spaß für alle Hunde. Kosmos, 2005

Gary S. Settles et al.: The External Aerodynamics of Canine Olfaction. In: Friedrich G. Barth et al. (Ed.): Sensors and Sensing in Biology and Engineering. Springer, 2004

Chih-Ying Su et al.: Olfactory perception: receptors, cells, and circuits. Cell. 2009 Oct 2;139(1):45–59 (Review)

Viviane Theby: Schnüffelstunde: Nasenspiele für Hunde. Kynos, 2006

Das Fenster zum Hirn

Thomas Bever, Mario Montalbetti: Linguistics. Noam's Ark. Science. 2002 Nov 22;298(5598):1565–6

Paul Bloom: Behavior. Can a dog learn a word? Science. 2004 Jun 11; 304(5677):1605–6

Vilmos Csányi, Gisela Rau: Wenn Hunde sprechen könnten … Verstand und Verstandesleistung von Hunden. Kynos, 2007

Marc D. Hauser: The possibility of impossible cultures. Nature. 2009 Jul 9;460(7252):190–6

Marc D. Hauser et al.: The faculty of language: What is it, who has it, and how did it evolve? Science. 2002 Nov 22;298(5598):1569–79 (Review)

David Lodge: Thinks … Penguin, 2001

Stefano Malatesta: Il cane che andava per mare – e altri eccentrici siciliani. Neri Pozza, 2000

Irene Pepperberg: Alex und ich. Die einzigartige Freundschaft zwischen einer Harvard-Forscherin und dem schlausten Vogel der Welt. mvg, 2009

Friederike Range: Wie denken Tiere? Faszinierende Beispiele aus dem Tierreich. Carl Ueberreuter, 2009

Alwin Schönberger: Die einzigartige Intelligenz der Hunde. Piper, 2007

Rupert Sheldrake: Der siebte Sinn der Tiere. Ullstein, 2004

Wolf Singer: Understanding the brain. How can our intuition fail so fundamentally when it comes to studying the organ to which it owes its existence? EMBO Rep. 2007 Jul;8(Special Issue 1):S16–9 (Review)

Sam Stall: 100 Dogs Who Changed Civilization, History's Most Influential Canines. Quirk Books, 2007

Buena Vizsla Social Club

Richard W. Byrne: Dispatch. Animal communication: What makes a dog able to understand its master? Curr Biol. 2003 Apr 29;13(9):R347–8 (Review)

Dan Child: The Secret Life of the Dog. BBC Horizon, UK, 2010 (Britische Fernsehproduktion)

Kate Douglas: Who's a Clever Boy, then? New Sci. 2008 Aug: 33–5

Márta Gácsi et al.: Effects of selection for cooperation and attention in dogs. Behav Brain Funct. 2009 Jul 24;5:31

Márta Gácsi et al.: Explaining dog wolf differences in utilizing human pointing gestures: selection for synergistic shifts in the development of some social skills. PLoS One. 2009 Aug 28;4(8): e6584

Brian Hare, Michael Tomasello: Human-like social skills in dogs? Trends Cogn Sci. 2005 Sep;9(9):439–44 (Review)

Brian Hare et al.: The domestication of social cognition in dogs. Science. 2002 Nov 22;298(5598):1634–6

Alexandra Horowitz: Inside of a Dog: What Dogs See, Smell, and Know. Scribner, 2009

Juliane Kaminski et al.: Domestic dogs comprehend human communication with iconic signs. Dev Sci. 2009 Nov;12(6):831–7

Juliane Kaminski, Juliane Bräuer: Der kluge Hund. Wie Sie ihn verstehen können. Rowohlt, 2006

Sarah Kershaw: Good Dog, Smart Dog. New York Times, 2009 Nov 1

Julia Koch: Was weiß der Hund? Der Spiegel, 2007 (36):154–6

Oliver Kuhn, Daniel Wiechmann: Mein schwuler Friseur, oder wie Sie sich mit 2222 Vorurteilen über Ihre Mitmenschen lustig machen. Droemer Knaur, 2000

Oliver Kuhn, Michaela Moses: Deutschland Deppenland – wie doof die Deutschen wirklich sind. mvg, 2009

Jeffrey Moussaieff Masson: Dogs Never Lie About Love: Reflections on the Emotional World of Dogs. Three Rivers Press, 1998

Virginia Morell: Animal behavior. Going to the dogs. Science. 2009 Aug 28;325(5944):1062–5

Virginia Morell: Minds of Their Own. National Geographic. 2008 Mar

Friederike Range et al.: The absence of reward induces inequity aversion in dogs. Proc Natl Acad Sci USA. 2009 Jan 6;106(1):340–5. Epub 2008 Dec 8

Friederike Range et al.: Selective imitation in domestic dogs. Curr Biol. 2007 May 15;17(10):868–72. Epub 2007 Apr 26

Michael Tomasello, Juliane Kaminski: Behavior. Like infant, like dog. Science. 2009 Sep 4;325(5945):1213–4

József Topál et al.: The Dog as a Model for Understanding Human Social Behavior. In: H. Jane Brockmann et al. (Ed.): Advances in The Study of Behavior, Vol. 39. Academic Press, 2009, pp. 71–116

József Topál et al.: Differential sensitivity to human communication in dogs, wolves, and human infants. Science. 2009 Sep 4;325(5945):1269–72

Monique A. R. Udell, Clive D. L. Wynne: A review of domestic dogs' (Canis familiaris) human-like behaviors: Or why behavior analysts should stop worrying and love their dogs. J Exp Anal Behav. 2008 Mar;89(2):247–61

Victoria Wobber, Brian Hare: Testing the social dog hypothesis: Are dogs also more skilled than chimpanzees in non-communicative social tasks? Behav Processes. 2009 Jul;81(3):423–8. Epub 2009 Apr 17

Victoria Wobber et al.: Breed differences in domestic dogs' (Canis familiaris) comprehension of human communicative signals. In: Tetsuro Matsuzawa (Ed.): Social Animal Cognition: Special Issue of Interaction Studies 2009;10(2):206–24

Clive D. L. Wynne: Dogs in Pavlov's laboratory. Behav Processes. 2009 Jul;81(3):355–7. Epub 2009 Apr 21

Carl Zimmer: The secrets inside your dog's mind. Time. 2009 Sep 21;174(11):66–70

Being Jack Russell

Paul Auster: Timbuktu. Rowohlt, 2000

Mark Haddon: The Curious Incident of the Dog in the Night-Time. Vintage, 2004

Spike Jonze: Being John Malkovich. USA, 1999 (US-amerikanischer Independentfilm)

Thomas Nagel: What is it like to be a bat? The Philosophical Review LXXXIII, 1974 Oct; 4: 435-50

John Steinbeck: Die Reise mit Charley, Auf der Suche nach Amerika. Deutscher Taschenbuch Verlag, 2007

David Wroblewski: The Story of Edgar Sawtelle. HarperCollins, 2008

Die dunkle Seite des Hundes

Die Anregung zu Sheilas Beispiel in Kapitel 7 stammt aus: Jan Nijboer: Hunde verstehen mit ... Franckh-Kosmos, 2004

Raimond Gaita, Manfred Geier, Christian Weller: Der Hund des Philosophen. Rogner & Bernhard, 2003

Katharina von der Leyen: Dogs in the City. Franckh-Kosmos, 2009

Ronald Lindner: Was Hunde wirklich wollen: Natürliches Verhalten verstehen. Harmonische Mensch-Hund-Beziehung. Gräfe & Unzer, 2010

Astrid Nestler, Constanze Eder: Erziehung: Was machen wir falsch? Dogs. 2010 Jan (1):36–43

Claudia Toll: Kommt nicht, gibt's nicht: So klappt der Rückruf bei jedem Hund. Franckh-Kosmos, 2009

Der Rexorzist

Saras Beispiel stützt sich auf: Katharina von der Leyen: Leinenarbeit. Dogs. 2010 Jan (1):110–2

Michael Connelly: The Lincoln Lawyer. Little, Brown & Co., 2006

Dorit U. Feddersen-Petersen: Hundepsychologie: Sozialverhalten und Wesen, Emotionen und Individualität. Franckh-Kosmos, 2004

Anton Fichtlmeier: Grunderziehung für Welpen: Fichtlmeiers Hundeschule. Franckh-Kosmos, 2005

Marita Held: Von Menschen und Hunden, rbb Fernsehabend, 30.1.2010. rbb Rundfunk Berlin-Brandenburg, Deutschland, 2010 (deutsche Fernsehproduktion)

Renate Jones: Welpenschule leicht gemacht. Franckh-Kosmos, 2002

Steven R. Lindsay: Handbook of Applied Dog Behaviour and Training, Vol. 3: Procedures and Protocols. Wiley-Blackwell, 2005

Pat Miller: The Power of Positive Dog Training. Howell Books, 2008

Jan Nijboer: Hunde verstehen mit ... Franckh-Kosmos, 2004

Martin Rütter: Hund – Deutsch, Deutsch – Hund: Vom Hundeliebhaber zum Hundeversteher. Langenscheidt, 2009

Martin Rütter: Der Hundeprofi. VOX, Deutschland, 2008–2010 (mehrteilige deutsche Fernsehsendung)

Danksagung

An erster Stelle möchte ich dem kompetenten – und im Übrigen rein fiktiven – Hundeexperten danken, der für seinen Auftritt in Kapitel 8 weder Kosten noch Mühen gescheut hat. Seine Bescheidenheit und Großzügigkeit werden mir als vorbildlich in Erinnerung bleiben.

Zu besonderem Dank bin ich den Wissenschaftlern verpflichtet, die in persönlichen Gesprächen viele meiner Fragen beantworteten und mir Einblick in ihre Veröffentlichungen gewährten, allen voran Ádám Miklósi, Márta Gácsi, Friederike Range und Victoria Wobber. Etwaige Fehler oder Ungenauigkeiten liegen hingegen allein in meiner Verantwortung.

Ich danke ganz herzlich meinem langjährigen Freund und Autoren-Kollegen Oliver Kuhn, der die Anregung zu diesem Buch gab.

Besonderer Dank gilt Birgit Sander und ihrem Team vom mvg-Verlag, die das Projekt mit Enthusiasmus und Geduld unterstützt haben, sowie Doortje Cramer-Scharnagl für das hervorragende Lektorat.

Ich danke außerdem Joaquín Bernal für sein wunderbares Schreibprogramm Q10, mit dem ich das Manuskript verfasste (als Freeware auf http://www.baara.com/q10/).

Ich danke meinen Eltern, Heinz und Pauline Görblich, für ihre unverbrüchliche Unterstützung, ihre wertvollen Hinweise zum Manuskript und den Schreibtisch mit Schneeblick, an dem Teile des Buches entstanden.

Und nicht zuletzt danke ich meiner Frau Rosi und unserem Sohn Lukas. Ohne sie wäre das alles schlichtweg unmöglich gewesen.